과학으로 보는
오즈의
마법사

과학으로 보는

오즈의 마법사

초판 1쇄 인쇄일 2021년 12월 28일
초판 1쇄 발행일 2022년 1월 5일

원 작 라이먼 프랭크 바움
지은이 이보경 엮 음 김주은
펴낸이 김지영 펴낸곳 지브레인Gbrain
편 집 김현주
마케팅 조명구 제작 · 관리 김동영

출판등록 2001년 7월 3일 제2005-000022호
주소 04021 서울시 마포구 월드컵로7길 88 2층
전화 (02)2648-7224 팩스 (02)2654-7696

ISBN 978-89-5979-676-2(03400)

• 책값은 뒤표지에 있습니다.
• 잘못된 책은 교환해 드립니다.

과학으로 보는

오즈의 마법사

라이먼 프랭크 바움 원작 이보경 지음 김주은 엮음

지브레인

《오즈의 마법사》는 1900년에 출간된 미국 작가 라이먼 프랭크 바움Lyman Frank Baum의 동화로, 100년이 넘는 시간 동안, 전 세계 독자들에게 신비와 환상의 세계 오즈를 통해 즐거움과 감동을 선물해 주었다.

신비한 세계 오즈로의 여행은 어린 독자들의 무한 상상력을 자극했으며 엄청난 인기와 사랑을 받았다.

오즈에는 먼치킨이나 퀴들링, 윙키처럼 사람은 아니지만, 사회를 이루고 사는 독특한 주민들이 등장했으며 동서남북 각기 다른 능력을 지닌, 개성 강한 마녀들이 그들을 지배했다.

황금 모자에 적힌 주문을 외우면 언제든지 달려와 주는 날개 달린 원숭이도 있고 말하는 허수아비와 온몸을 양철로 바꿔 끼운 나무꾼도 살았다.

들쥐 여왕은 도로시 일행의 친절한 길 안내자가 되어 주었으며 북쪽 마녀는 마법의 키스로 도로시를 위험으로부터 보호해주었다.

《과학으로 보는 오즈의 마법사》는 이 신나고 흥미진진한 여행에 동참하고자 한다. 이 여행을 함께하면서 여러분과 나누고 싶은 색다른 오즈를 소개하고 싶기 때문이다.

여행의 주인공인 도로시도 모르는, 잠시 눈여겨 보면 재미있을 만한 '핫플레이스'를, 과학이라는 여행 가이드의 설명을 통해 이야기해주려고 한다.

여러분은 과학으로 보는 오즈의 마법사가 소개하는 여행 스팟에서 잠시 머물러 도로시 일행과 기념사진을 찍고 다음 여행지로 즐겁게 떠나면 된다.

그렇다면 과학여행 가이드가 오즈의 마법사에서 발견한 과학은 무엇이 있을까? 과연 우리가 살고 있는 현상계에서는 도저히 일어날 수 없을 것 같은 일들로 가득한 오즈에 과학이라는 것이 숨겨져 있기는 할까?

어쩌면 현대의 과학이야말로 마법보다 더한 마법일지도 모른다. 과학은 날개 달린 원숭이를 능가하는 비행기를 탄생시켰고 순식간에 사막을 횡단할 수 있게 해주었다.

들쥐 여왕에게 도움을 청하지 않아도 네비게이션은 위성과 통신하며 길을 찾아 준다. 허수아비의 두뇌는 인공지능으로 대체

가능하며 양철 나무꾼의 몸은 절대 녹슬지 않는 가볍고 강한 타이타늄으로 갈아 끼우면 된다. 이 모든 기술이 오랜 세월 마법만큼 신비하게 발전해온 컴퓨팅과 합금기술의 성과다.

보이지 않는 사자의 용기도 심리학, 생리학, 신경과학의 발달로 객관화하고 수치화할 수 있는 영역으로 발전하고 있다. 얼마 지나지 않아 인류는 마음과 감정을 우리가 원하는 방향으로 조절 가능한 시대에서 살게 될지도 모른다.

도로시의 은구두는 어떤가? 은구두를 세 번 부딪히면 순간이동을 해서 캔자스로 돌아갈 수 있다. 순간이동이야말로 과학과는 동떨어진 마법에서만 존재하는 일처럼 들린다.

하지만 순간이동에 대한 가능성을 수학적으로 계산하고 이론을 정립하고 있는 사람들은 소설가나 영화감독이 아닌, 우주 물리학자들이다.

순간이동의 이론적 배경이 된 아인슈타인의 일반상대성이론은 100년 전에 등장한 이론이다. 순간이동의 통로로 예측했던 블랙홀의 존재는 100년이 지난 지금 실재하고 있음이 확실히 입증되었다.

아인슈타인의 이 엄청난 이론이 노벨상을 타지 못했던 이유는 이것이 과학의 영역이라기보다 철학적 영역이라고 생각했기 때문이다. 당시 과학자들에게 상대성이론은 마법처럼 허무맹랑한 소리처럼 들렸다.

그러나 2019년 전 세계 과학자들을 깜짝 놀라게 한 엄청난 사건이 발생했다. 그 마법 같은 블랙홀이 실재하는 천체임을 두 눈으로 확인하게 된 것이다. 마법이 현실로 바뀐 순간이었다.

이처럼 마법과 과학은 동전의 앞뒷면과 같다. 현상을 증명할 수 있으면 마법이 과학이 된다.

이제 간편한 복장을 하고 즐거운 마음으로 '오즈의 나라'로 여행을 시작해보자.

이 여행에는 도로시와 친구들, 그리고 과학이라는 '여행 가이드'가 함께 할 것이다. 과학 가이드가 소개하는 색다른 '오즈의 마법사' 투어를 통해 과학과 좀 더 친해지는 시간이 되길 바란다.

contents

머리말 4

1 회오리바람 12

토네이도 16

2 먼치킨의 나라 28

중력 34

3 도로시, 허수아비를 구해주다 43

4 숲 속 길 49

생각하는 두뇌, 신피질 54

5 양철 나무꾼을 구해주다 69

양철 77

6 겁쟁이 사자 89

감정 95

7 마법사 오즈에게 가는 길 105
신경전달물질과 호르몬 112

8 죽음의 양귀비 꽃밭 124
양귀비 131

9 들쥐들의 여왕 138

10 에메랄드 시의 문지기 143

11 오즈가 다스리는 에메랄드 시 150

12 사악한 마녀를 찾아서 160

북극성 172

13 도로시, 친구들을 구출하다 182

14 날개 달린 원숭이들 186

15 공포의 마법사 오즈의 정체 193

16 위대한 사기꾼의 마술 204

17 기구를 띄우다 209

기구 215

18 남쪽으로 223

19 나무들의 공격 228

20 위태로운 도자기의 나라 232

21 사자, 동물의 왕이 되다 238

22 쿼들링의 나라 243

23 도로시의 소원을 들어준 착한 마녀 249

웜홀 255

24 다시 집으로 270

참고 도서 · 참고 사이트 272

회오리바람

미국 캔자스 주의 넓은 들판에는 아주 작은 오두막집이 있었다. 이 오두막에서 도로시는 헨리 아저씨, 엠 아줌마 부부와 귀여운 강아지 토토와 함께 살고 있었다.

오두막집은 정말 작아서 달랑 방 한 칸에 요리를 하는 난로와 찬장, 식탁과 의자들 그리고 침대 2개가 전부였다.

커다란 침대에서는 헨리 아저씨와 엠 아줌마가 주무셨고 도로시는 맞은편에 놓인 작은 침대에서 잠을 잤다.

캔자스에는 회오리바람이 자주 불었기 때문에 식구들은 오두

막을 날릴 기세로 회오리바람이 불면 마룻바닥 밑을 움푹 파서 만든 구덩이 안에 숨었다.

넓은 들판에는 오직 이 오두막집만 있을 뿐 나무 한 그루도 찾아보기 힘들었고 이글이글 타오르는 햇빛에 들판은 쫙쫙 갈라지고 풀도 회색빛이었다.

엠 아줌마가 이곳에 올 때는 젊고 예쁜 새댁이었지만 지금은 마르고 웃음이 없는 아주머니가 되어 있었다. 그래서 고아인 도로시가 처음 이곳에 와서 까르르 웃을 때마다 엠 아줌마는 깜짝깜짝 놀랐고 지금도 도로시가 웃으면 매우 신기한 눈으로 도로시를 바라보고는 했다.

헨리 아저씨도 웃음이 없었다. 그리고 긴 수염과 낡은 장화까지 모두 회색빛으로 둘러싸여 있었다.

그래도 도로시는 언제나 검정색 털에 개구쟁이 같은 까만 눈과 못생긴 코를 가진 귀여운 강아지 토토와 들판을 신나게 뛰어다니며 놀았다.

그런데 오늘은 들판에서 토토와 노는 대신 걱정스러운 얼굴로 헨리 아저씨와 집 앞 계단에 앉아 하늘을 바라보는 중이었다.

하늘은 몹시 어둡고 북쪽 저 멀리에서는 포효하는 바람 소리가 들려오고 있었다. 그런데 갑자기 남쪽에서도 날카로운 바람 소리가 들리고 주변의 풀들이 파도처럼 출렁이기 시작했다.

"여보, 회오리바람이 오고 있어. 난 가축들을 살펴보겠소."

아저씨가 소와 말들이 있는 외양간으로 급히 달려가자 아주머니가 설거지를 멈추고 문 앞으로 오더니 하늘을 살펴본 뒤 소리쳤다.

"도로시, 어서 마루 밑으로 숨거라."

도로시를 향해 외친 아주머니가 구덩이로 향하는 사이 도로시의 품에 안겨 있던 토토가 아주머니의 큰 소리에 깜짝 놀라 펄쩍 뛰어내린 뒤 침대 밑으로 들어가버렸다.

간신히 토토를 붙잡은 도로시가 구덩이 쪽으로 달려가는데 갑자기 엄청난 바람 소리가 들리더니 집이 통째로 흔들리기 시작했다. 그러고는 빙글빙글 돌더니 두둥실 공중으로 떠올라 어디론가 가기 시작했다.

도로시네 집에서 북풍과 남풍이 맞부딪치면서 거대한 회오리바람이 도로시네 집을 삼켜버린 것이다. 신기하게도 회오리바람 한 가운데는 고요했다. 도로시네 집은 계속해서 회오리바람 위로 떠오르더니 마침내 꼭대기까지 올라갔다.

주위는 온통 깜깜하고 으르렁대는 바람 소리가 들려왔지만 도로시는 가볍게 흔들리기만 하는 집에서 마음 편하게 앉아 앞으로 무슨 일이 생길지 기다리고 있었다.

몇 시간이 흘렀고 집이 바닥으로 떨어져 산산조각날지도 모른다는 도로시의 생각과는 다르게 아무 일도 일어나지 않았다. 결국 도로시는 자신의 침대로 올라가 토토와 깊은 잠에 빠졌다.

평원의 무법자

토네이도

동화 《오즈의 마법사》에서 도로시는 회오리바람을 타고 환상의 세계 오즈로 날아간다. 이 장면은 오즈의 마법사에서도 매우 인상적이고 흥미로운 부분이다.

오즈의 마법사를 읽은 사람들 중 대부분은 이 장면을 보면서 회오리바람에 대한 두려움을 느끼면서도 강력한 상상의 재료로 쓰였을 게 분명하다. 바람을 타고 하늘을 나는 상상은 누구에게라도 멋지고 환상적인 일이기 때문이다.

그런데 정말 회오리바람은 도로시가 살고 있던 집을 날려버릴 만큼, 강력한 바람일까? 강력하다면 얼마나 큰 힘을 가지고 있을까?

작가 라이먼 프랭크 바움1856~1919년은 캔자스라는 지리적 환경이 회오리바람과 깊은 연관이 있다는 사실을 잘 알고 있었던 것 같다. 만약, 도로시가 광활한 들판이 펼쳐진 캔자스에 살지 않았다면, 도로시를 오즈로 데려다준 것은 회오리바람이 아니었을지도 모르기 때문이다.

회오리바람

회오리바람whirlwind은 지상에서 발생하는 공기의 소용돌이 현상으로 지면의 공기가 수직축을 중심으로 기둥 모양으로 소용돌이치며 상승하는 현상이다.

영어로 whirlwind라고 불리는 회오리바람은

비교적 작은 규모를 말하며 생각보다 피해가 크지 않은 편이다. 도로시의 집을 날려버린 회오리바람은 이것보다 훨씬 강도가 높은 회오리바람으로 형성과정에 조금 차이가 있다.

동화에 묘사된 회오리바람은 차가운 북풍과 따뜻한 남풍이 만나면서 만들어진다. 실제 회오리바람의 형성 과정도 지면의 뜨거운 공기가 지상의 차가운 공기와 만나며 급속도로 상승하는 과정에서 발생한다. 지면의 대기 불안으로 회오리바람이 만들어지는 것이다. 이때 만들어진 소용돌이는 강하게 회전하면서 지면의 먼지, 흙, 모래, 작은 돌 등을 끌고 올라간다.

보통 봄이나 초여름에 운동장, 골목 모퉁이, 민둥산, 넓은 들판 등에서 발생하며 지속시간 또한 수초에서 수 분 정도로 길지 않은 편이다.

회오리바람은 태풍이나 토네이도와 달리, 맑은 날에도 발생하며 생각보다 흔하게 관찰되는 자연현상 중 하나다.

토네이도

토네이도tornado는 스페인어인 트로나다Tronada에서 왔으며 뇌우라는 뜻을 가지고 있다. 남극 대륙을 제외한 전 세계에서 발생하는 현상이지만 주로 미국의 중부지역을 중심으로 출몰하는 강력한 회오리 바람을 토네이도라고 부른다.

일 년 중 봄철에 집중되고 있으며 미국 내 연평균 사망자가 100여 명에 이를 정도로 피해 규모가 큰 자연현상 중 하나다.

도로시를 오즈로 날려 보냈던 회오리바람의 정체는 토네이도라고 해야 맞을 것이다. 작은 규모의 회오리바람은 도로시의 집을 들어 올려 날려

버릴 정도로 강력하지 않지만 토네이도에 휘말렸다면 상황은 달라진다.

토네이도는 태풍에 비해 피해 지역은 넓지 않으며 지속시간도 그리 길지 않은 편이다. 그러나 자연에서 발생하는 가장 강력한 바람으로, 초속 100m~200n에 해당하는 엄청난 위력을 자랑한다.

이것은 달리는 열차를 끌어올리며 철교가 뽑혀나갈 정도의 강력한 힘이다. 1931년, 미국 미네소타 주에서 발생한 토네이도는 무게가 70톤인 5량의 열차를 들어 올려 30m 밖으로 날려버린 실례가 있다. 또한 1879년 캔자스 주에서는 토네이도가 지나가면서 철교가 뽑혀나갔다.

이밖에도 미국은 매년 발생하는 토네이도 때문에 수많은 인명피해를 보고 있다. 1974년 발생한 148개의 토네이도가 13개 주를 덮친 '수퍼 아웃브레이크super outbreak' 시기에는 300명 이상이 사망하였다.

토네이도로 인한 피해.

오클라호마 주는 1953년부터 1976년까지 23년 동안, 1,326개의 토네이도가 발생하여 미국 내 최다 토네이도 발생지역이 되었다.

토네이도는 발생 조건에 따라 모양과 규모

는 다양하다. 토네이도의 모양은 일반적으로 깔대기 형태이며 지름은 약 150~600m, 시속 40~80km, 진로는 약 1~10km에 해당한다.

태풍에 비해 진로나 지속시간이 짧다는 것이 특징이지만 거대한 토네이도의 파괴력은 태풍못지 않다.

그렇다면 이렇게 강력한 토네이도는 어떻게 발생하는 것일까?

토네이도는 앞서 이야기했던 소규모의 회오리바람과는 다른 양상을 보인다. 하지만 현재 토네이도가 어떻게 발생하는지 정확하게 규명된 것은 없다고 한다. 단지, 수많은 연구와 축적된 자료를 통해 유추해 보면 토네이도의 발생 원인은 다음과 같다.

먼저, 미국의 토네이도가 주로 발생하는 곳인 중부지역은 캐나다의 차고 건조한 기단과 멕시코만의 덥고 습한 해양성 기단이 만나는 곳이다. 이곳에서 성격이 다른 두 기단이 충돌하면서 토네이도의 조건이 만들어진다.

덥고 습한 해양성 기단은 상승하고 차갑고 건

오즈의 마법사에 대한 사실들

오즈의 마법사는 전 세계에서 가장 유명한 동화 중 하나이다. 오즈의 마법사의 영어 제목은 The Wonderful Wizard of Oz로 캔자스의 황량한 들판 한가운데에 있는 작은 오두막에서 엠 아줌마와 헨리 아저씨와 살던 도로시는 매우 아끼는 반려견 토토와 함께 토네이도에 휩쓸려 마법의 나라 오즈에 떨어진다.
아름답고 살기 좋은 마법의 나라 대신 가족에게 돌아가기 위한 도로시의 모험은 허수아비와 양철 나무꾼 그리고 사자와 그들의 소원을 들어줄 수 있는 마법사 오즈를 만나기 위한 여정이다.
도로시는 이 과정에서 많은 모험을 하고 마법사 오즈가 사실 자신처럼 미국에서 건너온 사람인 것을 알게 된다. 하지만 친구들과의 모험 끝에 마법의 나라에 평화를 선물하고 도로시는 토토와 함께 가족에게 돌아오면서 1권인 《The Wonderful Wizard of Oz》가 끝난다.
오즈의 마법사의 작가는 라이먼 프랭크 바움으로, 총 14권의 시리즈를 집필했지만 이 중 13권과 14권은 그의 사후에 출판되었다.
라이먼 프랭크 바움은 오즈의 마법사를 시리즈로 쓸 생각이 없었다고 한다. 그런데 다른 작품들이 팔리지 않아 오즈의 이야기를 계속 쓰게 되었다. 이 때문에 설정이 바뀌는 경우들이 생겨 라이먼 프랭크 바움은 오즈의 역사가가 실제 이야기를 기록하는 듯한 형식으로 소설을 출간해 설정 오류를 역사가의 기록 실수로 보이도록 하는 방법으로 합리화시켰다고 한다.
라이먼 프랭크 바움이 사망한 후에도 다른 작가가 계속 시리즈를 이어나가 현재 오즈의 마법사 시리즈로 인정받고 있는 작품들은 The Famous Forty(유명한 40권)로 불리고 있다

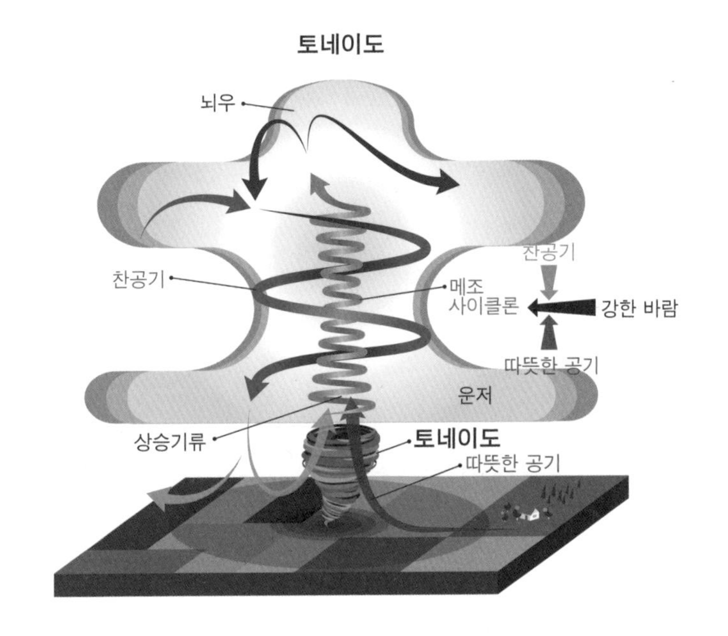

조한 기단은 하강을 하며 회전하는 공기층이 형성된다.

이때 두 기단에서 몰려 들어온 공기층에 의해 상승기류가 발생하면서 비구름인 적란운을 동반한 저기압이 형성된다. 이때 적란운 꼭대기에서는 상승기류가 회전하면서 토네이도의 본체가 형성된다. 이 상승기류는 강하게 하강하는 차가운 공기에 의해 수직으로 기울어지면서 지상까지 내려와 닿게 되는데 이것이 토네이도다.

토네이도는 적란운 속에서 만들어져 지상까지 내려와 닿은, 회전하며 상승하는 기류로 지면에 모든 것들을 빨아올린다. 마치 진공청소기 같다.

이렇게 저기압의 구름 속에서 발생한 토네이도의 특성상 토네이도 출몰 지역에서는 강한 바람을 동반한 우박과 폭우가 내린다.

토네이도 또한 인간에게 극심한 피해를 줄 수 있는 기상 현상이다. 그런 이유로 피해 규모에 따라 토네이도를 분류해 두고 있다. 이것이 후지타 등급Fujita Scale이다.

후지타 등급은 1971년 시카고 대학의 기상학자 후지타 테쓰야藤田哲也 교수에 의해 고안된 것으로 목조가옥의 피해 규모를 기준으로 총 6개의 등급인 F0~F5로 구분한 것이다.

미국폭풍센터 SPC에 따르면 F0은 풍속 64~116km/h의 경미한 피해 등급부터 F5인 풍속 419~512km/h의 믿기 힘든 피해 등급까지 토네이도의 위력이 어느 정도인지 가늠할 수 있는 기준을 제시하고 있다.

후지타 등급은 2007년 FE0~FE5로 표기하는

강화 후지타등급Enhanced Fujita Scale으로 수정 발표 되었다.

강화 후지타 등급에는 피해 규모의 기준을 목조 주택 뿐만 아니라, 28개의 다양한 지표를 사용해 새로운 기준을 제시하였다. 이 지표에는 작은 곳간, 학교, 나무, 이동식 주택 등도 포함된다.

스케일	바람의 속도 (km/h)	진행 거리 (km)	너비(m)	피해 규모
F0	115 이하	1.6 이하	15 이하	경미한 피해 나무, 간판, 굴뚝에 피해를 당한다.
F1	116~180	1.6~5	16~50	중간 정도의 피해 자동차가 길에서 밀려난다.
F2	181~252	6~16	51~160	상당한 피해 지붕이 찢겨지고, 큰 나무가 쓰러진다.
F3	253~331	17~50	161~500	심각한 피해 잘 지어진 집이 쓰러지고, 자동차가 공중으로 뜬다.
F4	332~418	51~160	500~1,500	대규모 피해 집이 파괴되고, 자동차가 날려가며, 물건이 미사일처럼 날아간다.
F5	419~511	161~507	1,600~5,000	엄청난 피해 건물의 기반이 붕괴되고, 자동차가 미사일처럼 날아간다. 이 등급에 해당하는 토네이도는 전체의 2% 이하이다.
F6	512~611	508~1,600	5,100~16,000	풍속의 최댓값은 511km/h를 넘지 않을 것으로 추정된다.

용오름

용오름은 회오리바람의 한국식 표현이다. 마치 용이 승천하는 것 같다 하여 붙여진 이름으로 약한 규모의 토네이도라 할 수 있다.

우리나라는 산지가 많은 지형의 특성상 토네이도가 발생하기 어렵다. 일반적으로 회오리바람이나 토네이도는 안정적인 대기 상태에서 급격한 대기 불안을 겪으며 발생하는데 산지가 많은 우리나라의 대기는 높고 낮은 산에 의해 공기가 위아래로 요동을 치며 섞여 대기 불안이 상대적으로 적기 때문이다.

하지만 바다는 다르다. 산지가 많은 육지에 비해 평평한 바다에서는 급변하는 기상현상으로 대기불안이 육지에 비해 높다.

대기가 불안하다고 무조건 용오름이 발생하는 것은 아니다. 우리나라 바다에서는 일 년에 수회 정도로 용오름 현

상이 발생할 수 있는 조건이 형성된다고 한다.

우리나라에서는 일반적으로 바다에서 일어나는 회오리바람을 용오름이라고 하는데, 흔하지는 않지만 육지에서 발생하는 약한 규모의 토네이도 또한 용오름이라고 부른다.

이와는 다르게 토네이도가 아주 빈번히 발생하는 미국에서는 육지에서 발생하는 회오리바람을 토네이도 혹은 랜드스파우트Land Spout, 바다에서 발생하는 것은 워터스파우트Water Spout로 구분해서 부르고 있다.

과학적 측면에서 살펴본 회오리바람의 실체는 앞으로 더 많은 연구와 자료조사를 통해 피해를 줄여나가야 할 기상 현상이지만 여전히 우리의 마음 한 켠에는 무지개 너머의 멋진 환상의 세계로 도로시를 데려간 신비하고 멋진 길잡이 회오리바람으로 남아 있다.

먼치킨의 나라

깊은 잠이 들었던 도로시는 갑자기 쿵 하는 소리에 깜짝 놀라 깨어났다. 창문으로 환한 햇살이 비쳐들고 있었고 집도 더 이상 흔들리지 않았다.

토토를 데리고 재빨리 침대에서 내린 도로시는 밖을 내다보고는 눈이 휘둥그래졌다. 푸른 초원에 탐스런 과일이 주렁주렁 열린 나무들이 가득 들어차 있었고 아름다운 꽃들과 반짝반짝 빛나는 시냇물 그리고 예쁜 새들이 노래하는 낯설고 아름다운 풍경이 펼쳐져 있었기 때문이다.

아름다운 경치를 구경하던 도로시는 문득 자신을 향해 다가오고 있는 이상한 사람들을 보았다.

남자 세 명과 여자 한 명으로 키는 도로시만 한데 나이가 많아 보였다. 남자들은 모두 턱수염을 길렀고 끝이 뾰족하고 둥근 챙에 여러 개의 방울이 달린 파란색 모자와 파란색 옷에 반질반질 윤이 나는 장화를 신고 있었다. 그리고 하얀 머리카락인 것을 보면 할머니인 것으로 보이는 여자는 끝이 뾰족하고 둥근 챙에 여러 개의 방울이 달린 하얀색 모자를 쓰고 작은 별이 다이아몬드처럼 박힌 망토를 입고 있었다. 그들이 움직일 때마다 방울 소리가 났다.

도로시의 앞에 도착하자 할머니가 허리를 굽혀 인사를 했다.

"동쪽의 사악한 마녀를 죽이고 먼치킨들을 노예에서 해방시켜 준 훌륭한 마법사님, 먼치킨의 나라에 오신 것을 환영해요."

도로시는 어리둥절해졌다. 자신은 그저 회오리바람에 실려 이곳에 왔을 뿐인데 마법사는 뭐고 동쪽 마녀를 죽였다는 것은 또 뭘까?

"뭔가 오해를 하신 거 같아요. 저는 아무도 죽이지 않았어요."

그러자 할머니는 도로시의 집 한 모퉁이를 가리켰다.

"아가씨가 아니라 아가씨의 집이 그랬답니다. 저기 삐죽 나와 있는 마녀의 발이 보이죠?"

도로시는 오두막 밑에 반짝반짝 빛나는 은구두를 신은 두 발이 튀어나와 있는 것을 보고 깜짝 놀라 비명을 질렀다.

"어머나 우리 집이 저 사람을 깔아 뭉겠나 봐요. 어쩌죠? 저 사람은 대체 누구예요?"

"오랫동안 먼치킨들을 노예처럼 부리고 있던 동쪽의 사악한 마녀예요. 아가씨 덕분에 먼치킨들은 사악한 마녀에게서 해방될 수 있었어요. 그래서 이렇게 감사인사를 드리는 거랍니다."

"할머니도 먼치킨이세요?"

"아니에요. 나는 북쪽의 마녀로 먼치킨들의 친구랍니다. 동쪽 마녀가 죽자마자 먼치킨들이 소식을 전해와 재빨리 달려온 거랍니다."

"어머? 그럼 할머니도 마녀예요?"

"그래요. 그리고 전 착한 마녀지만 동쪽 마녀만큼 힘이 세지는 못해서 친구들을 구할 수 없었어요."

"마녀들은 모두 나쁜 거 아니에요?"

"천만에요. 마녀들이 모두 다 나쁜 것은 아니에요. 이 오즈의 나라에서 살고 있는 네 마녀 중 북쪽과 남쪽에는 착한 마녀가 살고 있고 동쪽과 서쪽에는 사악한 마녀가 살고 있어요. 아가씨가 그중 동쪽 마녀를 무찔러 준 거랍니다."

"엠 아줌마가 마녀들은 아주 옛날에 다 죽었다고 했는데…"

"엠 아줌마가 누군데요?"

"캔자스에서 저랑 살던 아주머니예요."

"캔자스라는 나라는 들어보지 못했는데 문명이 발달한 곳인가요? 문명이 발달한 곳에는 마녀도, 마법사도, 요술쟁이도 남아 있지 않을 거예요. 다른 세상과 멀리 떨어진 오즈에는 문명이 발달하지 못해 마녀와 마법사가 살 수 있답니다."

"이곳의 마법사는 누군데요?"

도로시의 질문에 북쪽 마녀가 속삭이듯이 대답했다.

"가장 위대한 마법사는 에메랄드 성에 살고 있는 오즈예요."

그때 먼치킨들이 꽥 소리를 질러 먼치킨들이 보고 있는 방향을 보니 동쪽 마녀의 발은 사라지고 은구두만 남아 있었다.

"사악한 마녀가 햇볕에 말라 사라졌네요. 자 이제 저 은구두는 아가씨의 것이에요."

북쪽 마녀는 은구두를 들어 먼지를 털더니 도로시에게 내밀었다.

"이 구두에는 마법이 숨어 있을 것이지만 그게 뭔지는 몰라요."

"저는 다시 제가 살던 곳으로 돌아가고 싶어요. 제가 캔자스로 갈 수 있도록 도와주세요."

"이곳 동쪽에는 큰 사막이 있는데 지금까지 그 사막을 건넌 사람이 없어요. 남쪽도 마찬가지에요. 서쪽은 사악한 마녀가 다스리고 있기 때문에 그곳을 지나가는 사람들은 모두 서쪽 마녀의 노예가 돼요. 그리고 제가 사는 북쪽 역시 큰 사막으로 둘러 싸여 아무도 갈 수 없답니다. 그러니 아가씨는 우리와 사는 것이 좋아요."

북쪽 마녀의 설명에 외로워진 도로시는 흐느껴 울기 시작했다. 그러나 먼치킨들도 함께 울기 시작했다.

그 모습을 본 북쪽 마녀 할머니는 모자를 벗더니 뾰족한 부분을 코 끝에 올려놓고 주문을 외웠다. 그러자 모자는 평평한 석판이 되더니 하얀 글자가 나타났다.

도로시를 에메랄드 시로 보내라!

"아가씨 이름이 도로시인가요?"

"네 맞아요."

"그럼 에메랄드 시로 가야겠네요. 그곳에서 오즈가 도와줄 거예요."

"거기를 어떻게 갈 수 있는데요?"

"에메랄드 시는 이 나라의 한복판에 있어요. 에메랄드 시까지 가는 길은 노란 벽돌이 깔려 있으니 길을 잃지는 않을 거예요. 걸어서 가야 하니 아주 긴 여행이 될 거예요."

"저랑 같이 가 주실 수 있나요?"

"그럴 수는 없지만 입맞춤을 해드릴게요. 어느 누구도 북쪽 마녀의 입맞춤을 받은 사람을 함부로 괴롭히지는 못할 거예요."

마녀 할머니가 도로시의 이마에 부드럽게 입맞춤을 해주자 도로시의 이마에 동그랗게 반짝이는 자국이 남았다.

먼치킨들이 인사를 하고 떠나자 북쪽 마녀 할머니도 왼쪽 발꿈치를 땅에 댄 채 세 번 빙글빙글 돌더니 순식간에 사라져 버렸다.

마녀들이 그런 식으로 사라진다는 것을 알고 있었던 도로시는 별로 놀라지 않았지만 토토는 깜짝 놀라 짖어댔다.

나쁜 마녀를 물리친

중력

도로시는 회오리바람에 휘말려 오즈에 도착한다. 도로시가 도착한 오즈는 아름다운 꽃과 오색 깃털의 새가 사는 아주 멋진 곳이었다.

오즈에서 도로시가 처음으로 한 일은 나쁜 동쪽 마녀를 죽이고 먼치킨 사람들을 구한 것이다. 물론, 정말 우연히 벌어진 일이었다. 도로시가 타고 온 집이 동쪽 마녀 위로 추락하는 바람에 우연찮게 먼치킨들의 은인이 되어 버린 것이다.

도로시를 오즈로 데려온 회오리바람의 위력이 엄청나다는 것은 이미 앞에서 다루었다. 바람의 세기가 매우 강한 토네이도는 사람이나 동물, 구조물 등을 공중으로 수 미터에서 심하면 수 십 미터를 날려버리는 강력한 힘을 가지고 있다. 특히 토네이도가 잦은 미국 중부의 농가나 도시에서는 토네이도에 휘말려 수 십 미터 상공을 휘돌다가 운 좋게 지상으로 낙하했다는 사람이나 동물들의 뉴스를 가끔 접할 수 있다. 하지만 대부분은 강한 토네이도에 휩싸이게 되면 도로시와 같은 행운이 따를 확률이 그리 높지 않다.

어쩌다 먼치킨과 북쪽 마녀의 영웅이 되어버린 도로시는 동쪽 마녀의 은구두를 신고, 착한 북쪽 마녀의 도움을 받아, 마법사 오즈가 사는 에메랄드 시를 향한 기나긴 여정을 시작하게 된다.

지구 중력과 낙하

지구상에서는 높은 곳으로 날아간 것은 반드시 아래로 떨어진다. 이유는 중력 때문이다. 중력 때문에 도로시의 집은 수십 미터 상공에서 낙하를 했고 그 덕분에 먼치킨을 괴롭혔던 동쪽 마녀는 사망을 했다.

사실 과학적으로 생각해보자면 도로시에게 가해진 에너지도 동쪽 마녀가 입었을 충격을 능가했을 테지만, 도로시에게는 주인공이라는 가산점이 있으니 넘어가도록 하자.

낙하운동은 지구상에 있는 모든 물체에 가해지는 가장 기본적인 힘인 중력에 의해서 발생한다. 중력으로 인해 우리는 저 우주 밖으로 날아가지 않고 지구에 안착해 살 수 있다.

중력은 지구상의 모든 지역에서 똑같지 않다. 적도로 갈수록 중력은 작아지며 극지방으로 갈수록 커진다. 이유는 중력을 구성하는 만유인력과 원심력의 합이 극지방과 적도가 각각 다르기 때문이다.

또한 중력은 물질의 질량이 클수록 지표면과 가까울수록 커진다.

그런데 '질량이 클수록 중력이 커진다'라는 공식이 질량이 클수록 지구가 잡아당기는 속도가

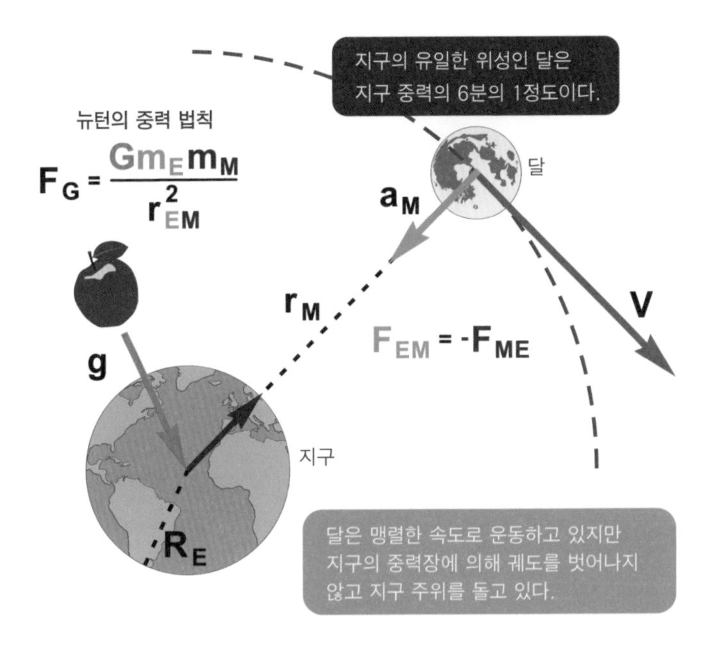

빨라지는 것으로 오해해서는 안 된다. 얼핏 생각하기에 무거운 물체가 더 빨리 낙하한다고 착각하기 쉽다.

고대 철학자 아리스토텔레스 또한 질량이 큰 물체가 질량이 작은 물체보다 더 빨리 낙하한다고 생각했다. 하지만 실제로 낙하속도와 질량은 관계가 없다.

이것을 실험을 통해 증명하고자 했던 학자가 있었다. 바로 갈릴레오 갈릴레이다.

그는 피사의 사탑에서 무게가 다른 두 개의 공을 떨어뜨리는 낙하실험으로 자신의 생각을 증명했다고 알려져 있다. 이것이 그 유명한 갈릴레이의 낙체실험이다.

그러나 갈릴레이가 정말 피사의 사탑에서 낙체실험을 했는지는 정확한 근거가 없는 것으로 전해지고 있다.

실험에 관계없이 갈릴레이는 충분한 논리적 사유를 통해 이미 낙하속도와 질량이 관계가 없다는 사실을 알고 있었다.

갈릴레이는 무거운 물체와 가벼운 물체를 동시에 묶어 낙하했을 때를 가정했다. 아리스토텔레스의 생각처럼 무거운 물체가 가벼운 물체보다 먼저 낙하한다면 두 개를 묶은 물체는 더 무겁기 때문에 더 빨리 낙하해야 한다.

또한 두 개의 물체를 묶어 한 번에 떨어뜨리면 두 물체의 합이 아닌, 평균값 무게의 속도로 낙하하는 것도 맞는 말이 된다.

예를 들어, 1kg과 3kg의 돌을 묶어 낙하시킨다고 생각해보자. 두 개를 묶어 던지면 두 돌의 합이 4kg이 되어 아리스토텔레스의 말처럼 3kg의 돌보다 먼저 떨어져야 한다.

그런데 1kg인 돌의 속도가 3kg인 돌보다 상대적으로 느리기 때문에 낙하속도는 줄어들 수밖에 없다.

1kg과 3kg인 두 돌의 평균값은 $\frac{1+3}{2}=2$kg이 되어 낙하속도는 3kg인 돌보다 느려지는 것이다.

한 가지 상황에 두 개의 논리가 모두 맞다는 것은 적절하지 못하다. 이것은 처음 세웠던 가설이 틀렸다는 것을 증명하는 것이었다.

만약 질량이 다른 1kg과 3kg인 돌의 낙하속도가 질량에 관계없이 똑같다면 두 개의 돌을 하나로 묶어서 던진다고 해도 낙하속도의 변화는 없다. 이것은 논리적으로 문제가 되지 않는다.

갈릴레이 이후 현대의 정교하고 다양한 방법의 실험 장치에 의해 진공상태에서 질량이 다른 두

낙하물의 낙하속도는 같다는 것이 증명되었다.

이 단순하게만 보이는 낙체실험은 아인슈타인의 상대성이론의 근간이 되는 실험으로, 지금까지도 더 정밀한 낙하속도를 구하기 위한 과학자들의 노력은 계속되고 있다.

중력의 힘으로만 물체가 지표면으로 낙하하는 것을 자유낙하라고 한다. 이때 중력이 잡아당기는 속도를 중력가속도라고 한다.

지구의 중력가속도는 일반적으로 $g=9.8\text{m/s}^2$이다. 지구상에서 낙하하는 모든 물체는 중력가속도가 더해진다.

그렇다면 이제 도로시가 타고 왔던 집의 에너지가 과연 얼마나 되었는지 알아보자. 정확히 도로시가 어느 정도 상공까지 올라갔는지 알 수 없기 때문에 실제 토네이도에 휩쓸려 날아갔던 사람을 기준으로 계산해보자.

1947년 텍사스에서는 두 사람이 회오리바람에 휩쓸려 60미터 상공까지 올라갔다가 극적으로 지상으로 내려온 일이 있었다.

이것을 기준으로 도로시가 약 60미터 높이의

하늘로 떠올랐다고 가정해보자. 60m 상공에 떠 있는 도로시의 집을 일반적인 해상용 컨테이너 중 가장 작은 20피트짜리로 가정했을 때 무게는 24000kg(24t)이다.

60미터 상공에서 24000kg의 집이 낙하를 한다. 이때 집은 다른 힘에 방해받지 않고 오로지 중력의 힘으로만 자유낙하 중이라고 가정해보자.

상공 60m지점에서 집의 속력은 0이며 위치에너지는 60m(높이)×9.8(중력가속도)×24,000kg(질량)=14,112,000J(줄)이 된다.

위치에너지는 질량과 높이에 비례한다. 그래서 집이 낙하하기 시작하면 집의 위치에너지는 점점 줄어들기 시작한다.

도로시의 집이 지면과 가까워질수록 속력은 증가하고 증가한 속력에 의해 운동에너지는 강해진다. 집이 지면에 닿기 직전 14,112,000J(줄) 이었던 집의 위치에너지는 0이 되면서 전부 운동에너지로 전환된다. 이렇게 전환된 운동에너지의 힘이 동쪽 마녀에게 고스란히 전달되었을 것이다.

생각만 해도 동쪽 마녀가 받았을 충격이 어마

어마했을 것으로 예상된다. 아무리 막강한 힘을 가진 동쪽 마녀라고 해도 순식간에 덮쳐온 운동 에너지를 온몸으로 받았으니 무사할 수가 없었을 것이다.

도로시, 허수아비를 구해주다

모두 떠나고 혼자 남은 도로시는 배가 고파졌다. 그래서 찬장에서 빵을 꺼내 버터를 바른 뒤 토토와 나누어 먹었다.

도로시는 물병에 시냇가의 물을 가득 채운 뒤 탐스러운 과일을 몇 개 따서 아침식사로 먹었다.

그러고는 세수를 하고 흰 바탕에 파란색 줄무늬가 있는 깨끗한 옷으로 갈아입은 뒤 커다란 챙이 달린 분홍색 모자를 썼다. 작은 바구니에는 빵을 가득 담고 헝겊으로 덮은 뒤 낡은 신발 대신 동쪽 마녀의 은구두를 신었다.

동쪽 마녀의 은구두는 도로시의 발에 맞춘 듯 꼭 맞았다.

"토토, 에메랄드 시로 가자. 그곳에서 위대한 마법사 오즈에게 캔자스로 돌아가게 해달라고 부탁하자."

도로시는 오두막 문을 잠그고 열쇠를 주머니에 넣은 뒤 토토와 에메랄드 시를 향해 길을 떠났다.

여러 갈래로 뻗은 길 중에서 노란색 벽돌이 깔린 길을 찾은 도로시는 또각또각 구두 소리를 내며 힘차게 걸어갔다.

햇빛은 찬란하게 빛났고 새들은 즐겁게 노래했으며 길 양 옆은 아름다운 풍경이 펼쳐져 있었다.

파란 페인트가 칠해진 울타리 너머에는 곡식과 채소들이 풍요롭게 자라고 있었다.

이따금 동그란 모양의 집들이 나타났고 사람들은 밖으로 나와 고개를 숙여 인사했다. 동쪽 마녀를 죽인 이가 도로시인 것을 알고 있는 듯했다.

저녁때가 되자 피곤해진 도로시 앞에 다른 집들보다 좀 더 큰 집이 나타났다. 그 집의 정원에서는 많은 사람들이 춤을 추고 있었다. 그곳은 먼치킨들 중 가장 부자가 사는 집이었는데 동쪽 마녀에게서 해방된 사람들이 모여 축하를 하는 중이었다. 그들은 도로시를 보자 친절하게 맞아주었고 저녁식사와 잠자리를 주었다.

푸짐하게 저녁을 먹은 도로시는 행복해 보이는 사람들을 바라보았다.

"아가씨는 확실히 위대한 마법사이군요."

"왜 그렇게 생각하세요?"

"은구두를 신었고 마법사만 입는 하얀색 옷을 입었으며 동쪽 마녀를 죽였잖아요."

집주인 보크의 말에 도로시는 치마의 주름을 펴면서 말했다.

"파란색 줄무늬가 있는 옷인 걸요."

"파란색은 먼치킨의 색이고 하얀색은 마법사의 색인데 참 다정하시군요. 그래서 우리는 아가씨가 착한 마녀라는 것을 알고 있어요."

도로시는 사람들의 오해에 불편했지만 보크가 안내한 작고 예쁜 침대에서 토토와 깊은 잠에 빠져들었다.

다음날 도로시는 보크에게 물었다.

"에메랄드 시는 여기서 먼가요?"

"한 번도 가본 적이 없어서 몰라요. 여러 날을 가야 하는데 힘들고 위험한 곳을 지날 수도 있어요."

도로시는 보크의 말에 걱정이 되었지만 캔자스로 돌아가기 위해서는 오즈를 만나야 하기 때문에 다시 씩씩하게 길을 떠났다.

한참을 걷다가 잠시 쉬려고 울타리 위로 올라가 앉던 도로시는 옥수수밭에 홀로 있는 허수아비를 보았다. 허수아비는 창대에 높이 매달린 채 새들을 쫓고 있었다.

머리에는 먼치킨들이 쓰다 버린 끝이 뾰족한 파란색 모자를 쓰고 몸에도 아주 낡은 파란색 옷을 입었으며 파란색 낡은 장화를 신은 허수아비의 얼굴은 흰색의 동그란 헝겊 자루에 눈, 코,입이 그려져 있었다.

허수아비를 말끄러미 쳐다보던 도로시는 깜짝 놀랐다.

허수아비가 한쪽 눈을 찡긋했던 것이다. 그러고는 고개를 숙여 인사를 하는 것이었다. 허수아비의 윙크와 인사에 놀란 도로시는 허수아비에게 다가갔다.

"안녕? 날씨가 좋지?"

"어머? 말도 할 줄 알아?"

"물론이야. 별일 없니?"

"응. 난 괜찮아. 너는?"

"밤낮 새를 쫓느라 이렇게 매달려 있는 것이 지겨울 뿐이야."

"거기서 내려올 수는 없어?"

"네가 이 장대에서 날 내려준다면 가능해."

도로시는 두 팔을 뻗어서 허수아비를 장대에서 빼냈다. 짚으로 만들어진 허수아비는 아주 가벼웠다.

땅에 내려온 허수아비가 인사를 했다.

"매우 고마워. 새로 태어난 기분이야. 그런데 넌 누구며 어디로 가는 거야?"

"난 도로시이고 에메랄드 시로 가는 중이야. 마법사 오즈에게 캔자스로 갈 수 있도록 도와달라고 부탁할 거거든."

"에메랄드 시는 어디에 있고 오즈는 누구야?"

"그걸 몰라?"

"내 머리는 짚으로 만들어져 있어 두뇌가 없어 난 아무것도 몰라."

허수아비가 슬픈 듯이 말했다.

"정말 안됐구나."

"너랑 함께 에메랄드 시로 가면 마법사 오즈가 나에게 두뇌를 줄까?"

"잘 모르겠지만 밑져야 본전이니 함께 가 보자."

"내 몸이 짚으로 만들어진 것이 썩 나쁜 것만은 아니야. 바늘로 찌르거나 누가 밟아도 아프지 않아 다칠 일이 없거든. 하지만 머릿속에는 짚만 가득해서 생각이란 것을 제대로 할 수 없어."

"그럼 나와 함께 가서 오즈에게 부탁해보자."

도로시는 허수아비와 함께 에메랄드 시를 향해 노란 벽돌길을 걷기 시작했다. 토토가 이상하다는 듯 허수아비 주위를 빙글빙글 돌고 있었다.

"토토는 절대 물지 않으니까 신경 쓰지 않아도 돼."

"난 밀짚으로 만들어 괜찮아. 바구니도 내가 들게. 난 피곤해지는 법이 없거든. 하지만 한 가지 무서운 것이 있어. 그건 바로 성냥이야."

숲 속 길

몇 시간 동안 걷는 사이 노란 벽돌길은 깨지거나 벽돌이 아예 빠져서 사라지는 등 길이 점점 험해졌다. 토토는 움푹 파인 곳이 나타나면 훌쩍 뛰어 넘었고 도로시는 빙 돌아서 갔다. 하지만 허수아비는 피하지 못하고 자꾸 발이 걸려 넘어졌다.

그때마다 도로시가 허수아비를 일으켜주면 허수아비는 다시 즐겁게 길을 걸었다. 이제 더 이상 아름다운 집과 과일 나무는 보이지 않았고 대신 황량한 풍경이 보이고 있었다.

정오쯤 그들은 시냇가에 앉아 바구니에서 빵을 꺼냈다. 도로시

가 허수아비에게도 빵조각을 주었지만 허수아비는 받지 않았다.

"나는 배고픈 것을 몰라. 내 입은 물감으로 그려져 있는데 만약 구멍을 뚫어 놓았다면 몸 속에 있는 짚이 삐져나왔을 거야. 도로시 네 이야기를 해봐. 네 고향은 어떤 곳이야?"

도로시는 점심으로 빵을 다 먹고 나자 캔자스의 이야기를 해주었다. 모든 것이 메마르고 황량한 회색으로 된 캔자스에서 어느 날 토토와 함께 회오리바람을 타고 이 낯선 곳까지 오게 되었다는 것도 말해주었다.

"넌 왜 이 아름다운 땅을 두고 다시 메마르고 쓸쓸한 캔자스로 돌아가려는 거야?"

허수아비가 질문하자 도로시가 대답했다.

"사람들은 고향이 아무리 보잘 것 없고 다른 나라가 아주 아름다운 곳이라고 해도 고향으로 돌아가고 싶어 해. 사람들에게 고향은 정다운 곳이야."

"머리가 짚이라 난 그런 거 잘 모르겠어."

한숨을 내쉬는 허수아비에게 도로시가 말했다.

"이제 네 이야기를 해줄래?"

"난 해줄 말이 별로 없어. 만들어진 지 이틀 밖에 안 되어 세상에서 무슨 일이 있었는지 알게 뭐야. 나를 만든 농부가 맨 처음 귀를 그려줘서 먼치킨 농부가 다른 농부들과 했던 이야기를 기억해. 이 귀는 어때? 괜찮아? 좀 비뚤어진 거 같아. 상관없어. 이제 눈을 그릴 거야. 그러고서는 농부가 내 오른쪽 눈을 그려 처음으로 주변의 것들을 볼 수 있었어. 두 눈이 그려지자 농부는 코와 입도 그려주었어. 하지만 입을 어디에 쓰는 건지도 몰라 아무 말도 하지 않았어. 농부는 내 몸과 팔다리를 만들더니 내 머리에 붙여주었어. 그런 뒤 내가 새를 쫓아줄 거라고 했어. 진짜 사람처럼 보인다면서. 난 내가 무척 자랑스러웠고 농부는 옥수수밭 한가운데 장대를 세운 뒤 날 거기에 꽂더니 가버렸어. 따라가려고 노력했지만 소용없었어. 그래서 그 장대 위에 매달려 쓸쓸해 하는데 새들이 날아오더니 날 보고 놀라 도망갔어. 내가 중요한 사람이 된 느낌이 들어 즐거웠어. 그런데 얼마 뒤 늙은 까마귀가 오더니 나를 훑어본 후 이렇게 말하는 거야.

'이런 터무니없는 것으로 나처럼 똑똑한 까마귀를 속이려 하다니 어림없지.'

늙은 까마귀는 내 발치에 앉아서 옥수수를 마음껏 쪼아 먹기 시작했고 다른 새들도 내가 아무 힘이 없다는 것을 알고 옥수수를 먹으로 돌아왔어. 그래서 난 내가 훌륭한 허수아비가 아니란 것을 알고 슬펐어.

그러자 늙은 까마귀가 말했어.

'네 머릿속에 두뇌가 있다면 넌 훌륭한 사람이 되었을 거야. 뭐니뭐니 해도 두뇌가 있어야지.'

그 말을 듣고 난 계속 생각했어. 두뇌를 얻어야겠다고. 그때 네가 나타나서 나를 장대에서 내려준 거야. 난 꼭 에메랄드 시에 가서 위대한 오즈에게 두뇌를 얻고야 말겠어."

"꼭 그렇게 되었으면 좋겠다. 네가 그토록 두뇌를 가지고 싶어 하니까."

"응 갖고 싶어. 자기가 바보라고 느끼는 기분은 정말 고약하거든."

"그래. 자 이제 길을 떠나자."

도로시와 허수아비는 황무지를 따라 다시 걷기 시작했다. 그리고 저녁 무렵 빽빽이 들어찬 아름드리나무의 가지들이 터널을 이루고 있는 곳에 도착했다. 도로시 일행이 숲 속으로 들어가자 햇빛이 사라지고 어두운 길이 계속되었지만 도로시는 비틀거리면서도 쉬지 않고 걸어갔다. 그런데 토토와 허수아비는 어둠속에서도 길이 잘 보이는 듯했다.

"우리가 하룻밤 묵을 곳이 보이면 말해줘. 밤길을 걷는 것은 힘드니까."

"오른쪽에 작은 오두막이 보여. 통나무집인데 저기로 갈까?"

"응. 너무 지쳐서 쓰러질 거 같아."

허수아비는 울창한 나무 사리를 지나 통나무집으로 도로시를 데려갔다.

집 안으로 들어가니 한쪽에 나뭇잎으로 만든 침대가 보였다. 도로시는 침대에 눕자마자 잠이 들었고 토토가 낑낑거리며 도로시 옆으로 파고들었다.

결코 지치지 않는 허수아비는 맞은편에 우두커니 서서 아침이 오기를 기다렸다.

지구상에서 인간만이 가진 특권

생각하는 두뇌, 신피질

도로시는 옥수수밭을 지나다 우연히 긴 장대에 걸려 있는 허수아비를 만난다. 허수아비는 자신을 도와준 도로시와 함께 마법사 오즈가 사는 에메랄드 시로 가겠다고 결심한다. 현명한 두뇌를 얻기 위해서다.

아무 생각 없이 장대에 매달려 있던 허수아비의 삶은 너무 비

참했다. 자신을 무서워하지 않는 늙은 까마귀가 '생각하는 머리가 있다면 훌륭한 허수아비가 될 수 있을 거야'라는 말에 허수아비는 두뇌를 가져야겠다는 큰 결심을 하게 된다.

이렇게 도로시는 첫 번째 동료이자 친구가 된 허수아비와 오즈로 향하는 모험을 시작한다.

허수아비는 왜 그토록 두뇌를 가지고 싶어 했을까? 허수아비는 자신을 멍청이라고 놀리는 게 가장 싫다고 말한다. 두뇌만 있다면 아무도 자신을 무시하지 않을 것이라 생각한다.

그래서 자신에게는 없고 사람에게는 있는 똑똑한 두뇌를 가진다면 자신 또한 사람 못지않은 멋진 허수아비가 될 수 있을 거라는 늙은 까마귀의 말에 용기를 내게 된 것이다. 두뇌는 자신을 사람으로 다시 태어나게 해줄 유일한 방법이었기 때문이다.

허수아비의 간절한 소망이었던 '생각하는 힘'은 인간의 특별한 능력 중 하나이다. 지구상의 생물 중에 인간만큼 뛰어난 두뇌를 가지고 있는 동물은 없다.

현대에 와서는 뇌과학과 신경의학의 발달로 인간의 뇌를 심층적으로 탐구할 수 있는 기반을 마련했지만, 인간의 뇌는 아주 정교하고 복잡한 구조를 가지고 있어 현대 과학 분야에서는 계속 연구를 진행하고 있다.

인간의 뇌 - 생각하는 힘, 신피질

뇌는 기능에 따라 심장박동, 호흡, 혈압 등 인간의 생명을 관장하는 뇌간brainstem(뇌줄기)과 몸의 균형과 운동에 관여하는 소뇌cerebellum, 감정을 담당하며 감각 정보를 중계하는 간뇌diencephalon(사

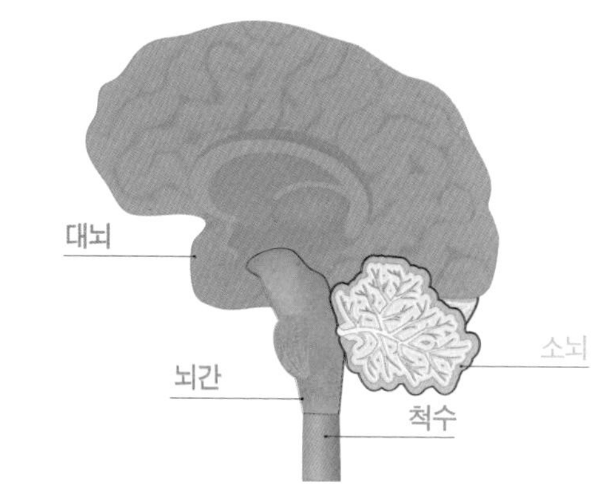

대뇌, 척수, 뇌간, 소뇌 신경계의 구조.

까마귀에 대한 오해와 지능

우리나라에서는 까치를 길조로, 까마귀를 흉조로 여기고 잘 잊어버리는 사람에게 까마귀 고기를 먹었냐고 할 정도로 까마귀에 대해 부정적이었다. 하지만 조상들의 기록을 보면 까마귀에 대한 인식은 매우 달랐다.
고구려를 상징하는 삼족오는 다리가 셋 달린 까마귀였으며 《삼국유사》에서는 앞일을 예언하는 능력을 가진 신령스러운 새로 기록하고 있다. 그중 〈연오랑세오녀설화(延烏郎細烏女說話)〉는 우리나라의 태양신화로 볼 수 있는데 여기에 까마귀라는 글자가 들어 있으며 까마귀가 태양의 정기라고 생각했다. 중국과 일본에서도 삼족오는 신령한 존재로 기록되어 있다.
사실 까마귀는 매우 영리한 조류이다. 도시의 까마귀들은 호두처럼 깨기 힘든 열매를 도로에 떨어뜨려서 지나가는 차가 호두를 깨면 그걸 먹거나 간단한 도구를 이용해 먹이를 먹는 것들이 확인되었다. 그중에서도 '뉴칼레도니안(Newcaledonian)까마귀'들은 가는 철사의 끝

이뇌), 이성적 판단과 사고를 가능하게 하는 대뇌 cerebrum로 나눌 수 있다.

이 영역들의 상호 협력을 통해 인간의 기억, 감정, 인지, 사고, 통찰, 운동, 신체조절 등이 가능하다.

뇌간은 호흡, 생식, 심장박동, 반사 등의 생명 유지에 필요한 일을 관장하는 뇌로 파충류, 조류, 포유류를 포함한 모든 동물에게서 볼 수 있다.

뇌간은 다시 중간뇌(중뇌), 다리뇌(교뇌), 숨뇌(연수)로 나눌 수 있다.

중간뇌는 시각과 청각 신호 전달에 관여하며

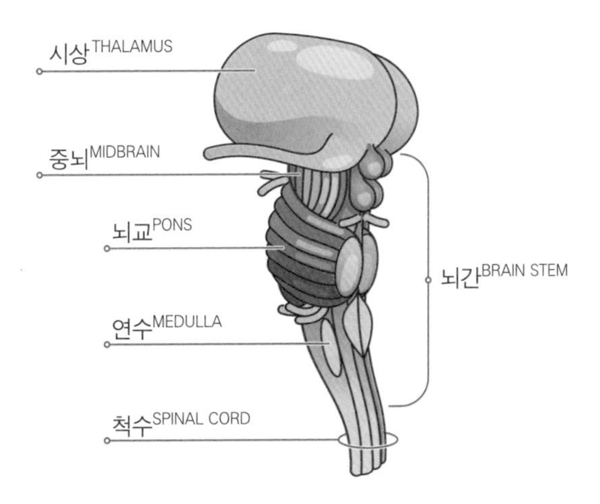

뇌간 좌우 대뇌반구 및 소뇌를 제외한 나머지 부분.

을 구부려 깊숙한 곳에 있는 먹이를 꺼내 먹는 행위가 관찰되었다.
물론 어떤 학자들은 까마귀의 지능이 매우 높다기보다는 기억력이 좋고 먹이에 대한 능력이 특화된 것뿐이라고 주장한다.
까마귀가 조류 중에서도 특히 협동성이 강하며 사람을 기억하는 능력도 다른 새들에 비해 탁월하다는 연구결과도 있다.
사실 까마귀는 알면 알수록 흥미로운 조류이며 이들에 대한 흥미로운 연구는 계속되고 있다.
과연 까마귀는 정말 지능이 뛰어난 조류일까 단지 기억력이 유난히 좋은 새일 뿐일까?

불필요한 자극을 걸러주는 역할을 한다. 다리뇌는 중간뇌와 숨뇌, 소뇌를 이어주는 다리역할을 해서 다리뇌라는 이름이 붙었다. 숨뇌는 사례, 기침, 하품을 조절하며 호흡과 혈액순환에 관여하는 생명 유지의 핵심적인 기관이다.

간뇌는 대뇌와 뇌간 사이에 위치하며 시상과 시상하부로 구성되어 있다. 후각을 제외한 모든 감각의 중계소 역할을 하는 시상은 모든 감각 정보를 신피질로 전달하며 시상을 거쳐 전달된 감각 정보를 기초로 신피질의 추론과 사고가 이루어진다.

시상하부는 내장의 자율신경을 관장하는 부분으로 체온, 혈당량, 삼투압을 조절하고 식욕 · 생식 · 수면 등 본능적 욕구를 다룬다.

간뇌 또한 우리 몸의 순환과 대사, 호흡, 심장박동, 체온 등을 관장 하는 뇌로 일명 원초적 뇌라고 할 수 있다. 학자에 따라서는 간뇌를 뇌간의 영역으로 보기도 한다.

뇌간과 간뇌는 우리가 의식적으로 조절하고 제어할 수는 없지만, 생명과 직접 연관되는 일을 하는 아주 핵심적인 뇌다.

뇌에서 인간의 감정에 관여하는 부분을 대뇌변연계라고 한다. 둘레계통이라고도 불리는 대뇌변연계는 슬픔, 기쁨, 분노, 즐거움 등 다양한 기분과 감정의 변화를 관장하는 곳이다.

대뇌변연계는 해부학적인 특정 기관이 아닌 감정에 관여하는 기능적인 역할을 담당하는 뇌의 구조물들을 한데 묶은 집합체라고 할 수 있다.

파충류인 악어에게서 특정한 감정을 기대할 수 없는 이유는 악어의 뇌 안에 인간과 같은 감정을 담당하는 변연계가 제대로 발달하지 않았기 때문이다.

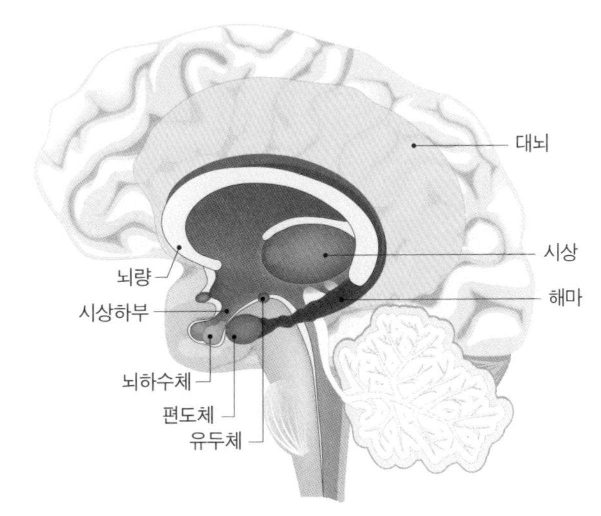

변연계(감정을 느낌).

그래서 악어는 자신을 미워하거나 싫어하는 감정을 보이는 사람에게 수치심이나 슬픈 감정을 느끼지 않는다.

변연계는 해마, 편도체, 시상의 일부, 시상하부 등이 포함되며 고양이나 개 등을 포함한 포유류에서 나타나는 정서적, 감정적 교감과 관계가 있다.

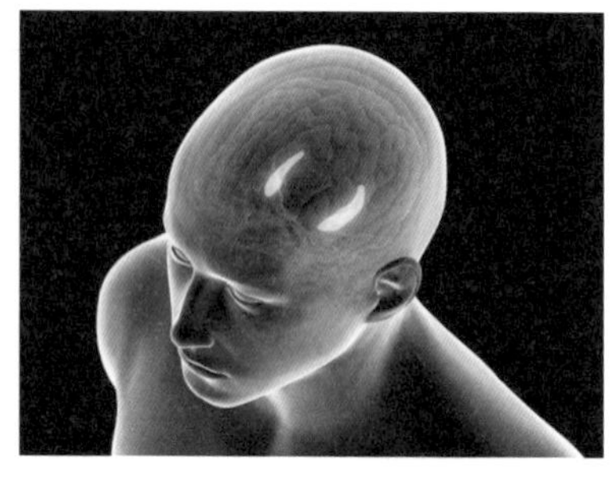

해마.

편도체는 주로 분노나 공포에 대한 감정 기억을 담당하며 무의식적인 기억이 저장되는 곳이다.

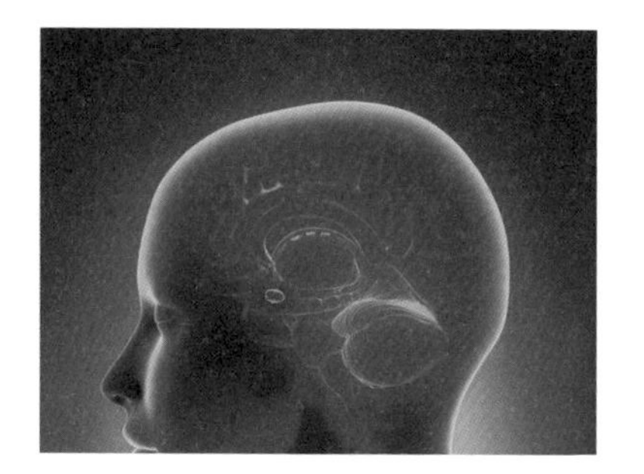

편도체.

해마는 기억의 입력장치 역할을 하며 단기기억과 의식적이고 언어적인 기억에 관여한다. 우스게 소리지만, 허수아비가 단어를 잘 기억하지 못하고 똑같은 상황에서 반복적으로 실수를 하는 이유는 해마와 편도체가 없기 때문이다.

입력장치인 해마가 없으니 정보를 저장할 수

없고 저장장치인 편도체도 없으니 대뇌가 출력할 수 없는 것이다. 물론 허수아비에게는 출력장치인 대뇌도 없지만 말이다.

허수아비는 길을 가면서 물웅덩이와 돌부리를 인지하지 못해 웅덩이에 빠지고 반복해서 돌부리에 걸려 넘어진다. 심지어는 고통도 느끼지 못해 넘어져도 아픔을 느낄 수가 없다.

허수아비는 물웅덩이와 돌부리를 기억하지 못해 반복되는 상황에서 똑같은 실수를 하는 자신이 어리석고 창피해서 깔깔 웃어넘기곤 한다.

그럴 때마다, 다시 한 번 두뇌가 있었다면 좀 더 현명하게 웅덩이를 건널 수 있었을 것이라며 스스로 한탄을 한다.

허수아비와는 달리, 강아지 토토는 똑같은 물웅덩이를 훌쩍 뛰어넘어 피해간다.

도로시 또한 물웅덩이를 발견하지만 토토와 같은 운동능력이 없음을 인지하고 웅덩이를 피해 돌아간다.

이것이 뇌가 없는 허수아비와 뇌가 있는 토토와 도로시의 차이점이다.

도로시가 보인 반응은 인간만이 갖는 특별한 능력이다. 상황을 인지하고 추론을 하여 자신의 신체능력을 판가름 할 수 있는 능력! 이것은 생각보다 굉장한 능력이다. 허수아비의 말대로 인간은 동물들과 매우 다른 생각을 하는 동물이다.

만약 허수아비에게 두뇌가 있었다면, 처음 물웅덩이에 빠지고 돌부리에 넘어졌을 때의 경험은 해마를 통해 편도체에 입력될 것이다. 편도체는 이 기억에 '창피함'과 '아픔'이라는 감정 라벨을 달아 차곡차곡 정리해 둘 것이다.

그리고는 두 번째 물웅덩이를 만났을 때 편도체는 허수아비에게 물에 빠져 흠뻑 젖었던 창피함과 아픔의 감정 기억을 떠오르게 한다. 이것은 편도체가 신피질에게 말하는 방식이다.

두려운 감정을 통해 물웅덩이는 위험하다는 것을 알려주고 신피질은 판단을 한 후 과거의 기억 속에서 떠올린 창피함과 아픈 기억을 떠올리며 물웅덩이를 피해서 가라고 명령을 내린다.

이처럼 편도체는 공포와도 관련이 있다. 편도체에 저장된 공포의 기억은 인류를 위험으로부터 도망치고 회피할 수 있게 해주었다. 이런 감정 기억은 인류를 이 험난한 생태계에서 어떤 동물보다 빨리 위험을 감지하여 생존할 수 있도록 도와주었다.

마지막으로 신피질이 있다. 신피질은 뇌의 가장 바깥을 형성하고 있는 대뇌피질 중 아주 늦게 발달한 영역으로 총 6개의 세포층으로 구성되어 있다. 신피질은 지구상에서 유일하게 발달한 인간만이 가지고 있는 고도의 뇌 기능이다.

인간이 냉철한 판단력과 논리적인 고찰, 의식 있는 행동, 창조와 창의력을 가질 수 있었던 이유는 신피질의 발달 때문이었다.

바로 이 신피질이 허수아비가 특히 더 간절히 원했던 두뇌다. 신피질의 발달로 인간은 문명을 이루었고 영성을 키워 왔으며 과학을 발전시킬 수 있었다.

뇌의 발생학적으로는 뇌간과 감정을 담당하는 변연계가 가장 먼저 발달했고 신피질은 상대적으로 후에 발달한 것으로 알려져 있다.

그래서 뇌간과 변연계를 구피질이라고 한다.

대뇌피질 중에서도 신피질이 차지하는 영역은 90%에 해당한다. 대뇌의 가장 바깥쪽에 있으며 무수히 많은 신경세포가 모여 있다. 신피질은 학습, 고도의 정신작용, 시각, 청각, 운동, 기억, 사고 등의 기능을 관장한다. 모양은 볼록한 이랑과 움푹 들어간 고랑의 형태로 주름이 많다.

신피질은 기능에 따라 전두엽, 두정엽, 후두엽, 측두엽으로 구성되어 있으며 각 영역마다 담당하는 특정한 기능은 다음과 같다.

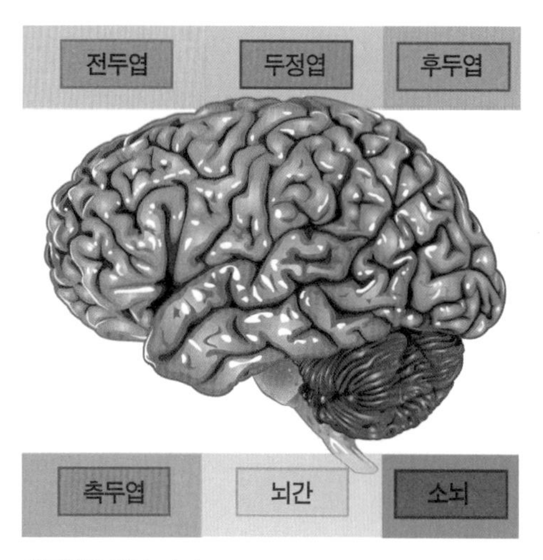

신피질(이성적 사고).

전두엽은 감정에 관여하는 변연계와 연결되어 있다. 또한 기억력, 사고력, 동기부여, 주의 집중, 목표의식, 인간성, 도덕성 등에 관여하는 고도의 뇌 기능을 담당한다.

전두엽의 기능이 상실되면 생명에는 지장이 없으나 인간성과 도덕성에 큰 영향을 미치고 계획을 세우고 기획하는 일을 못하며 새로운 환경에 적응을 하지 못한다.

두뇌의 뒤쪽에 자리 잡고 있는 후두엽은 시각을 담당한다. 후두엽에 문제가 생기면 안구 기능에 문제가 없더라도 시력을 잃게 된다.

측두엽은 청각기능을 담당하며 인지와 기억에도 관여한다. 측두엽의 손상을 입으면 환각, 실어증, 청각이상, 기억장애가 나타난다.

마지막으로 두정엽은 외부자극을 의미 있는 정보로 조합하는 기능을 한다. 언어, 글쓰기, 계산, 사물인지 등은 두정엽이 있기에 가능한 기능이다. 새로운 것을 만들어내고 창조하는 일을 하는 두정엽에 손상이 있게 되면 인간은 아무것도 인식할 수 없게 된다. 또한 두정엽은 신체에서 뇌로 올라오는 감각정보를 최종적으로 종합하여 처리한다.

오랜 진화의 역사 속에서 신피질의 발달은 인류 문명을 탄생시킨 큰 공로자이다. 인간은 독특한 뇌의 영역을 발달시킴으로서 다른 동물들과 구별되는 생명체로 거듭나게 된 것이다.

그렇다면 인간은 사물을 어떻게 기억하게 될까?

우리의 간뇌 속에는 모든 감각의 중계소와 같은 역할을 하는 시상이라는 게 있다. 이곳은 후각을 제외한 인간의 모든 감각 정보가 다 모이는 곳이다.

시각, 촉각, 청각, 통각 등 몸을 통해 전달받은 감각 정보는 모두 시상을 통해 신피질로 전달된다. 시상을 거쳐 전달된 감각 정보를 기초로 추론과 사고가 이루어진다.

신피질의 양이 가장 많은 것이 인간이며 인간이 다른 동물과 다른 고도의 사고 능력을 가지게 된 것도 두꺼운 신피질 덕분이다.

하지만 신피질만 발달해서는 인간처럼 고도의 뇌기능을 수행할 수 있는 것은 아니다. 뇌는 뇌간, 소뇌, 간뇌, 대뇌피질 등이 서로 연합하여 정교하게 정보를 주고받으며 기억하고 사고한다.

특히 기억에 대한 기능은 신피질과 구피질(뇌간과 변연계)간의 긴밀한 협조 덕분이다. 기억은 학습과도 연관이 있다.

예를 들어보자, 여기에 메론 빵이 있다. 향긋한 메론 빵을 먹을 때마다 친구와 기분 좋은 정원에서 즐겁게 수다를 떨었다.

이렇게 즐겁고 행복한 감정과 함께 한 기억은 입력을 관장하는 해마를 더 활발하게 움직이게 한다. 기억의 입력장치인 해마가 활성화되면 메론 빵에 대한 기억은 행복감이라는 색깔이 입혀져 더 선명하게 기억하게 된다.

또한 행복한 감정은 변연계와 연결된 전두엽도 활성화시킨다. 기억의 출력을 담당하는 전두엽이 활성화되면 학습효과 또한 훨씬 높아진다.

인간의 두뇌는 아직도 다 밝혀지지 않은 상태이며 여전히 연구가 진행되고 있다.

결국 우리의 뇌는 즐겁고 행복할 때 최고의 기능을 발휘한다는 것을 알 수 있다.

허수아비는 생각할 수 있는 두뇌를 원했지만, 우리 인간이 정말 추구해야 할 두뇌는 행복한 뇌, 즐거운 뇌가 아닐까?

양철 나무꾼을 구해주다

도로시는 잠에서 깨어 한쪽 구석에 서 있는 허수아비에게 말했다.

"나가서 마실 물을 찾아봐야겠어."

토토는 밖에서 새와 다람쥐를 쫓으며 폴짝폴짝 뛰어다니고 있었다.

"물이 왜 필요해?"

"어제 걸어오는 동안 먼지투성이가 되었어. 그래서 세수도 하고 빵도 먹으려면 물이 필요해. 그래야 목이 메이지 않아."

“사람들은 참 불편하구나. 잠도 자야 하고 먹어야 하고 마셔야 하니 말이야.”

허수아비가 안됐다는 듯이 말했다.

도로시와 허수아비는 숲 속에서 옹달샘을 발견해 그 물로 세수도 하고 빵도 먹고 물도 마셨다. 바구니 안의 빵은 얼마 남지 않아 허수아비가 아무것도 먹지 않아도 된다는 것이 다행스러웠다.

식사를 끝낸 도로시 일행이 다시 노란 벽돌길을 따라 걷고 있는데 어디선가 신음소리가 들려왔다.

“이게 무슨 소리지?”

"모르겠어. 한번 가 보자."

허수아비가 말을 끝내는 동시에 또 다시 신음소리가 들려왔다.

숲 속으로 몇 걸음 들어가자 나무 사이에 햇빛이 비쳐드는 곳에 무언가가 반짝이고 있었다.

가까이 다가간 도로시는 깜짝 놀라 비명을 질렀다. 반쯤 베어낸 큰 나무 옆에는 도끼를 치켜든 양철로 만든 누군가가 있었다.

토토가 요란하게 짖더니 그의 양철 다리를 덥석 물었지만 곧 화들짝 놀라며 냉큼 뒤로 물러났다.

"네가 신음소리를 낸 거야?"

"그래. 나는 여기서 1년 동안 도와달라고 소리를 쳤는데 아무도 도와주지 않았어."

"우리가 어떻게 도와주면 될까?"

"우선 기름통을 가져다가 내 몸의 이음매에 기름을 쳐줘. 기름을 듬뿍 쳐주면 온통 녹이 슬어 움직일 수 없는 몸이 금방 괜찮아질 거야. 저기 내 오두막 선반에 기름통이 있어."

도로시는 재빨리 오두막으로 달려가 기름통을 찾아서 돌아왔다.

"어디에 쳐야 해?"

"우선 목에다 치고 다음에는 손과 팔이 이어지는 곳에 쳐줘."

도로시는 나무꾼의 말대로 나무꾼의 목에 기름을 쳤지만 너무 심하게 녹이 슬어 허수아비가 양철 나무꾼의 머리를 잡고 이리저리 돌려주며 움직일 수 있도록 도와주었다.

드디어 움직일 수 있게 된 나무꾼이 큰 한숨을 내쉰 뒤 도끼를 내려놓았다.

"이제야 살 거 같아. 도끼를 들고 있지 않아도 된다니 너무 홀가분해. 자 이제 발목에도 기름을 쳐줘. 그럼 난 완전히 자유야."

도로시가 양철 나무꾼의 발목에 기름을 쳐주자 완전히 자유로워진 그가 몇 번이고 도로시와 허수아비에게 고맙다고 말했다.

"너희들이 아니었다면 난 언제까지나 무거운 도끼를 든 채 그대로 서 있었을 거야. 너희는 내 생명의 은인이야. 그런데 여긴 왜 온 거야?"

"우리는 마법사 오즈를 만나기 위해 에메랄드 시로 가는 중이야."

"왜 마법사 오즈를 만나러 가는 건데?"

"난 고향인 캔자스로 가게 해달라고 부탁할 거야. 허수아비는 머릿속에 두뇌를 넣어 달라고 부탁할 거고."

"그럼 오즈는 나에게 심장을 만들어 줄 수 있겠네. 그럼 나도 에메랄드 시에 함께 가서 부탁하고 싶어."

도로시와 허수아비가 기꺼이 찬성하자 양철 나무꾼은 도끼를 어깨에 메고 함께 길을 나섰다.

"비를 맞으면 몸이 다시 녹슬 수도 있으니 기름통을 바구니에 넣어줄 수 있어?"

새 친구가 생긴 것은 이들에게 행운이었다. 얼마 지나지 않아 나뭇가지가 얼기설기 마구 엉켜 도저히 지나갈 수 없는 상태가 되었기 때문이다. 양철 나무꾼은 도끼를 휘둘러서 길을 만들어 주었다.

"너는 왜 웅덩이를 피해서 걷지 않는 거야?"

허수아비가 자꾸 웅덩이에 빠져 넘어지자 양철 나무꾼이 물어보았다.

"난 그런 걸 생각할 줄 몰라. 내 머리는 짚으로 되어 있거든."

"그렇구나. 하지만 두뇌가 세상에서 가장 중요한 것은 아니야."

"넌 두뇌가 있니?"

"지금은 두뇌가 없지만 심장과 두뇌를 가지고 있던 적이 있었어. 그런데 난 두뇌보다 심장이 더 갖고 싶어."

양철 나무꾼은 숲 속을 걷는 동안 자신의 이야기를 해주었다.

"나는 나무꾼의 아들로 태어나 나무꾼으로 자랐어. 부모님이 돌아가신 후 난 아름다운 먼치킨 아가씨를 사랑하게 되었어. 그 아가씨는 내가 훌륭한 집을 지을 수 있을 만큼 부자가 되면 결혼하겠다고 약속했고 난 더 열심히 일했어. 그런데 그 아가씨는 노파와 살고 있었는데 그 노파는 게으름뱅이라 요리와 집안일을 해주는 아가씨가 결혼하지 않기를 바랐어. 그래서 동쪽의 사악한 마녀에게 선물을 주며 아가씨가 결혼하지 못하도록 해달라고 부탁했지. 그러자 마녀는 내 도끼에 마법을 걸었어. 아가씨와 결혼하기 위해 열심히 일하던 중 도끼가 내 손에서 미끄러져 내 왼쪽 다리를 잘랐어. 더 이상 나무를 자를 수 없게 된 나는 슬퍼하다가 대장장이를 찾아가 양철로 새 다리를 만들었어. 양철 다리를 쓸 수 있게 되자 난 다시 도끼질을 시작했어.

그러자 사악한 마녀는 내 오른쪽 다리도 잘라버렸어. 이번에도 대장장이에게 부탁해 오른쪽 다리를 만들었어. 하지만 마법에 걸린 내 도끼는 내 양 팔도 잘라 양철로 양 팔도 만들었어. 그러자 마녀는 내 머리마저 잘랐어. 난 이제 모든 것이 끝났다고 생각했는데 지나가다가 내 모습을 본 대장장이가 새 머리를 만들어주었어.

이제 마녀도 포기했을 거라고 생각한 나는 더 열심히 일했는데 사악한 마녀는 먼치킨 아가씨를 향한 내 사랑을 없애기 위해 도끼가 내 몸통을 둘로 쪼개버리도록 했어. 그러자 대장장이는 이번에도 날 도와서 몸통을 만들어 양철 팔다리와 머리를 붙여줬

어. 그래서 예전처럼 움직일 수 있게 되었지만 심장이 없어 먼치킨 아가씨에 대한 사랑도 없어졌어. 지금 그 아가씨는 아마도 내가 찾아오길 기다리며 그 악독한 노파와 살고 있을 거야.

난 햇빛에 반짝이는 내 몸이 근사했고 도끼도 더 이상 내 몸을 해칠 수 없다는 것도 마음에 들었어. 그런데 한 가지 문제가 있었어. 내 몸의 이음매에 녹이 스는 거야. 그래서 필요할 때마다 기름칠을 했는데 어느 날 기름 치는 것을 깜박 잊고 나갔다가 소나기를 만나 그때부터 1년 동안 꼼짝 못하고 있다가 너희를 만난 거야.

그동안 나는 많은 생각을 했고 가장 소중한 것은 심장이란 것을 깨달았어. 사랑에 빠졌을 때 난 세상에서 가장 행복한 사람이었거든. 하지만 심장이 없으면 사랑도 할 수 없으니 오즈에게 심장을 넣어달라고 할 거야. 그런 뒤 먼치킨 아가씨에게 가서 결혼할 거야."

양철 나무꾼의 재미있는 이야기를 듣고 도로시와 허수아비는 왜 심장을 갖고 싶어하는 지 이해했다.

"그래도 나는 심장보다 두뇌를 달라고 부탁할 거야. 바보들은 심장이 있어도 그걸 어디에 쓰는지 모르거든."

허수아비의 말에 양철 나무꾼이 대답했다.

"나는 심장이 갖고 싶어. 두뇌만으로는 결코 행복해질 수 없거든."

그런데 도로시는 빵이 거의 다 떨어진 것이 큰 걱정이었다. 도로시와 토토가 한 끼를 먹으면 빵은 더 이상 없을 것이다. 그런데 아무것도 먹지 않아도 되는 허수아비와 나무꾼과는 달리 도로시와 토토는 먹어야 살 수 있기 때문이었다.

무엇이든 만들 수 있는 튼튼한 철로 만든 판

양철

도로시는 시냇가에서 녹이 슨 채 서 있는 양철 나무꾼을 발견한다. 양철 나무꾼은 도로시가 관절에 기름칠을 해 주자, 곧바로 사람처럼 자유롭게 움직이기 시작한다.

양철 나무꾼은 왜 숲속에서 오랜 시간을 서 있었던 것일까?

도로시에게 발견되지 않았다면, 아마도 몇십 년, 혹은 몇백 년을 녹이 슨 상태로 자신을 구해줄 사람을 마냥 기다려야 했을지도 모른다.

이유는 간단하다. 양철로 된 몸이 비를 맞았기 때문이다. 원래 사람이었던 양철 나무꾼은 자신이 잘못 휘두른 도끼에 온몸이 잘려 양철 몸으로 대체를 할 수밖에 없는 매우 슬픈 사연을 가지고 있었다.

1년 만에 자유로운 몸이 된 나무꾼은 도로시의 이야기를 듣고 마법사 오즈를 찾아가는 이 여행에 동참하기로 마음먹는다.

양철 나무꾼이 갖고 싶었던 것은 '심장'이다. 동쪽 마녀의 저주로 양철 인간이 되어버린 지금, 나무꾼은 심장도 양철처럼 단단해져 사랑하는 마음을 잃어버렸기 때문이다.

양철 나무꾼은 심장만 있다면, 사랑하는 먼치킨 아가씨와 이루지 못한 사랑을 다시 시작할 수 있을 거라고 굳게 믿었다.

몸을 대체할 소재가 나무나 돌이어도 괜찮았을 텐데. 왜 작가는 양철을 선택했을까? 아마도 차갑고 냉정한 심장을 표현하기에 양철이라는 소재가 적절했을 것으로 생각된다.

철면피라는 말도 있듯이, 철이라는 소재는 우리에게 매우 두렵고 날카로우며 폭력적인 느낌을 가져다준다. 양철 나무꾼의 말처럼 사랑을 느낄 수 있는 따뜻한 심장과는 정반대의 개념인 것이다.

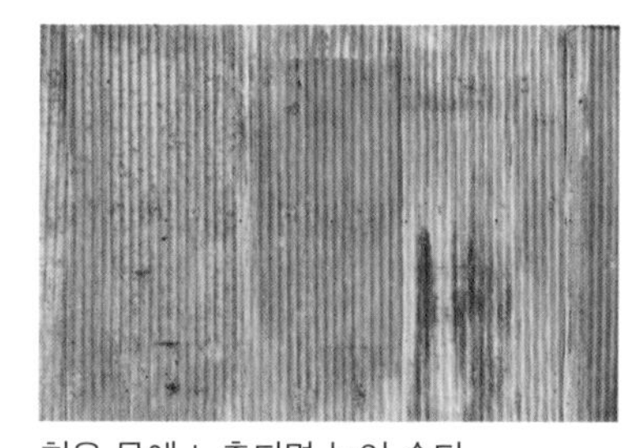
철은 물에 노출되면 녹이 슨다.

철은 물에 약하다. 양철 나무꾼을 꼼짝 못하게 만든 것도 갑자기 내린 소나기였다.

공기와 물에 약한 치명적 단점이 많은 철이지만, 인류 역사의 진보를 가져다 준 매우 소중한 재료다. 철이 발견되고 인류의 문명은 급속도로 발전했으며 현대에 이르러서까지도 철의 영향력은 엄청나다.

그렇다면 철은 과학적으로 어떤 성질을 가졌으며 우리 삶에 어떻게 활용되고 있는지 알아 보자.

지구의 핵을 구성하는 철

철(Fe)은 원자번호 26번이며 원소기호는 Fe다, 주기율표 8족 4주기에 속하는 철족 원소로 끓는 점 2862°c, 녹는 점 1538°c의 은회색 광택을 내는 금속이다.

철은 결합에너지가 가장 강하다. 핵분열을 이용하여 에너지를 얻기 위해서는 원자핵을 분리해야 한다.

원자핵 안에는 중성자와 양성자를 붙잡아 두는 강한 핵력이 작용하고 있다. 이것을 무력화하여 분열하게 만드는 엄청난 힘이 필요한데, 이것을 결합에너지라고 한다. 결합에너지가 강할수록 원자핵 분열이 쉽지 않기 때문에 원자는 안정적인 상태가 된다.

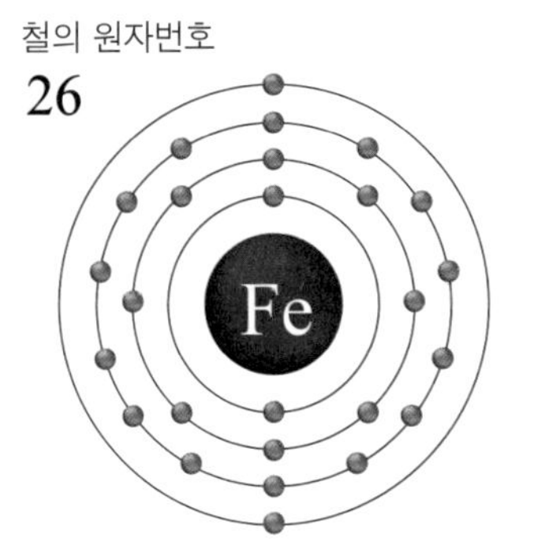

지구상의 원소 중 결합에너지가 강하여 가장 안정적인 원소가 철이다.

원소 주기율표에 있는 원소 중 철보다 원자번

호가 작은 원자들은 서로 융합하여 더 안정적인 원자로 변해가려 하는데 그 최종 목적지가 철이다.

반대로 철보다 원자번호가 큰 원자들은 분열을 통해 더 안정적인 원자로 변환되는데 여기도 그 목적지가 철이다

지각에 많이 분포하는 철은 산소, 규소, 알루미늄 다음으로 지구상에서 4번째 많은 금속으로 지구 핵을 구성하는 주요성분 중 하나이기도 하다.

자연 상태에서 철은 주로 철광석에 존재한다. 자연 상태의 순수한 철인 순철pure iron은 알루미늄보다 물러서 모양을 다양하게 만들기는 좋으나 강도가 낮아 생활용품으로 사용하기는 어렵다.

그래서 순철의 강도를 높이기 위해 이물질을 혼합하는데 그 대표적인 성분이 탄소다. 철은 탄소의 함량에 따라 순철pure iron, 강철steel, 주철cast iron로 나눌 수 있다.

순철의 탄소 함량은 0.02% 이하이며, 탄소 함량 0.02% 이상을 강철, 탄소 함량 2.2%~6.5%를

주철이라고 부른다.

강철은 가볍고 튼튼해서 쉽게 부서지지 않아 자동차, 배, 건물, 도로 등 우리 생활에서 가장 많이 사용하고 있는 철이다.

하지만 강철은 쉽게 녹이 슨다는 단점이 있다. 모든 철은 강해 보여도 물이 닿거나 산소에 노출되는 것에 취약하다. 이런 취약점을 개선하기 위한 방법이 합금이다.

합금이란 약한 순철에 불순물을 첨가하는 것으로 금속에 다른 원소를 넣어 철의 성질을 향상시키는 것을 말한다.

불순물을 섞는 이유는 좀 더 강하고 가벼우면서도 녹이 잘 슬지 않은 철을 만들기 위해서다.

우리 주변에서 흔하게 볼 수 있는 합금 제품으로는 강철에 크롬 니켈을 섞어 녹을 방지한 스테인리스강stainless steel이 있다.

우리가 흔히 '스뎅'이라고 부르는 튼튼하고 녹슬지 않는 합금으로 냉면기, 쟁반, 프라이팬, 냄비 등과 같은 주방용품과 가전 생활용품에 많이 사용되고 있는 제품이다.

물을 많이 사용하는 주방에서는 스테인리스강으로 만들어진 제품을 주로 사용한다.

주철은 탄소 함량이 가장 높은 철로 대표적인 제품으로 무쇠솥이 있다. 순철에 탄소를 많이 넣을수록 강도는 매우 높아진다.

그렇다면 최강의 철을 얻기 위해 탄소를 많이 첨가하면 어떻게 될까? 넘치면 모자란 것만 못하다는 말이 여기에 속한다. 철의 강도가 너무 단단하면 가공이 어려우며 작은 충격에도 금방 깨지기 쉬운 단점이 발생한다.

현대에 와서는 합금 기술 또한 더 정교해지고 있다. 이제는 선박, 항공, 건설 등 전통적인 산업에서뿐만 아니라 신소재, 국방, 의료, 우주산업에까지 합금 기술을 이용한 첨단 신소재개발에도 철이 이용되고 있다.

2008년 첫 개봉을 한 영화 아이언맨에서는 웨어러블형 로봇 슈트가 등장한다. 마크라고 불리는 이 슈트의 소재는 타이타늄 합금titanium alloys이다.

타이타늄 합금은 타이타늄에 금을 넣은 것으로 강철만큼 강하면서도 무게는 매우 가볍고 녹도 슬지 않아 항공기나 우주선, 군사 장비, 스포츠 장비, 인공관절 등에 사용되는 특수강special steel이다.

타이타늄 합금은 가볍고 쉽게 녹슬지 않아 현대사회에서 가치가 높아지고 있는 변환금이다.

그렇다면 양철 나무꾼의 몸을 만든 양철은 어떤 종류의 철일까?

양철FER-BLANC은 철 양면에 주석을 입힌 연강으로 얇은 철판을 의미한다. 연강은 탄소함유량이 0.12~0.25% 전후로 매우 낮은 보통강이다.

연철의 인장강도(물체가 잡아당기는 힘에 견딜 수

있는 최대한의 응력)는 40kg/mm^{2}에서 50kg/mm^2 미만이며 대부분 철사, 정, 강판, 선, 관 등을 만드는 데 사용된다.

양철은 산성 물질이나 공기접촉으로 인한 부식에 강하며 물과 기름 등의 침투를 막고 열전도율 또한 높아 통조림 캔, 기름통, 국자, 체, 빵틀, 업소용 반찬통(바트) 등을 만드는 데 적합하다.

양철.

양철이 이런 장점을 가질 수 있는 이유는 양철 표면을 도금하는 주석의 특성 때문이다.

주석을 도금한 철은 부식으로부터 보호를 받을 수 있다.

하지만 주석이 벗겨지면 오히려 부식이 촉진될 수 있기 때문에 양철 제품은 표면이 긁히지 않도록 하는 게 중요하다.

주석의 원소기호는 Sn, 원자번호는 50번의 금속 원소다. 녹는점이 231,93°c로 낮은 편이어서 합금이 쉽고 주조하기도 편해 고대로부터 다양한 분야에 사용되어 왔다.

주석.

주석은 백색과 회색주석이 있으며 금속성 주석은 백색주석이다.

주석은 구리와 합금을 통해 청동기를 만들 수 있으며 인류에게 청동기 시대를 가져다 준 고마운 금속이다.

주로 철이나 구리에 도금을 하는 형태로 이용하였으며 청동, 아말감의 재료, 전기제품, 식료품 가공장치, 주방용품, 통신전자기기의 납땜, 베어링 합금, pvc 안정제 등 그 쓰임새가 매우 다양하다.

하지만 주석에도 단점은 있다. 녹는점이 낮아서 고온으로 가열해야 해야 하는 경우, 주석 도금이 녹을 위험이 있어 가열 용기로는 사용하지 않는 게 좋다.

앞서 이야기했듯이, 철에 합금(철에 다른 금속을 합치는 것)이나 도금(철표면에 다른물질을 입히는 것)을 통해 기능을 향상시키는 데는 녹을 방지하기 위한 것이 매우 큰 이유 중 하나다.

양철 또한 녹을 방지하기 위해 철 표면에 주석을 도금한 것이다. 그런데 왜 양철 나무꾼의 몸은 녹슬게 되었을까?

우리는 양철 나무꾼의 이야기를 통해 철에 녹이 스는 과정을 알 수 있다.

철을 부식시키는 가장 큰 요소는 산소와 물이다. 양철 나무꾼의 몸에 기름칠을 하는 이유는 기름이 양철 표면을 덮어 공기와의 접촉을 막기 때문이다. 공기와의 접촉이 적을수록 녹슬 확률이 적어지기 때문이다.

또한 관절과 같은 접촉 부분에 기름칠을 하면 관절의 움직임에 의한 마찰이 줄어 관절을 좀 더 부드럽게 움직일 수 있고 도금이 벗겨지는 것을 방지할 수 있다.

기름통을 놓고 온 양철 나무꾼이 제때 기름칠을 하지 못하자, 관절의 움직임이 빡빡해지기 시작했다. 빡빡해진 관절에 마찰이 강해지자 주석 도금이 벗겨져 철이 공기 중의 산소와 접촉을 하게 된 것이다.

이때 비가 오면서 도금이 벗

겨진 틈으로 빗물까지 스며들어 녹이 스는 완벽한 환경이 만들어지게 된 것이다.

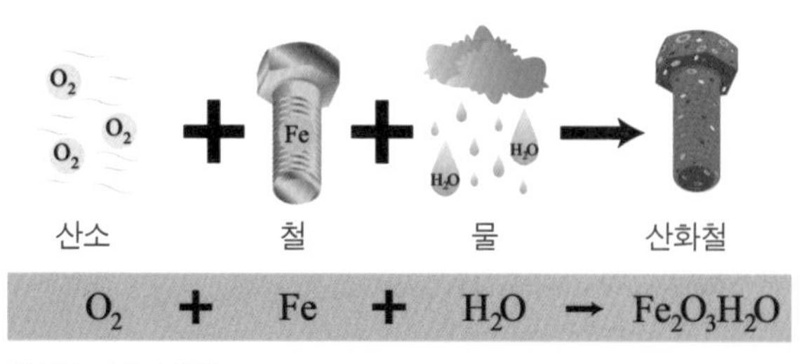

철이 녹스는 과정.

이렇게 만들어진 산화철이 우리가 알고 있는 녹으로, 붉은색을 띠고 있다.

산화된 철.

겁쟁이 사자

도로시와 친구들은 노란 벽돌을 따라 끝없이 이어지는 울창한 숲을 걸어갔다. 노란 벽돌에는 떨어진 나뭇잎과 나뭇가지들로 길을 걷는 것이 힘들었다. 노래하는 새들도 없었고 대신 가끔 맹수들의 울음소리가 들려와 도로시는 두려움에 가슴이 떨렸다. 토토도 겁에 질려 짖을 엄두도 내지 못하고 바짝 붙어 따라왔다.

"얼마나 더 가야 숲길이 끝나는 거야?"

도로시의 질문에 양철 나무꾼이 대답했다.

"나도 몰라. 하지만 난 기름통만 있으면 겁날 게 없고 허수아비도 성냥 외에는 두려울 것이 없어. 그리고 도로시는 이마에 착한 북쪽 마녀의 입맞춤을 받았으니 위험한 일은 없을 거야."

그때 숲 속에서 으르렁 거리는 소리와 함께 사자 한 마리가 불쑥 나타났다.

사자가 앞발을 들어 허수아비를 후려치자 허수아비가 나동그라졌다. 계속해서 사자가 양철 나무꾼을 공격하자 양철 나무꾼도 쓰러졌지만 상처를 입지는 않았다.

이번에는 사자가 입을 크게 벌리고 토토를 잡아먹으려고 했다. 그 모습에 도로시가 재빨리 달려들어 사자의 코를 힘껏 후려치며 소리쳤다.

"너처럼 큰 짐승이 이런 조그마한 강아지에게 덤비다니 부끄러운 줄 알아!"

사자가 콧등을 문지르며 말했다.

"그래. 사실 난 겁쟁이야."

허수아비를 일으켜 세워 엉망이 된 매무새를 다듬어주며 도로시가 말했다.

"한심해. 짚으로 만든 허수아비나 걷어차다니."

"짚으로 만들었다고? 그래서 그렇게 쉽게 쓰러진 거구나. 너무 쉽게 쓰러져서 놀랐어. 그럼 저 사람도 짚으로 만든 거야?"

사자가 그때까지도 나자빠져 있는 양철 나무꾼을 가리키며 말했다.

"아니, 저 사람은 양철로 만들었어."

"그래서 내 발톱에도 끄떡없었구나. 그런데 네가 아끼는 저 작은 동물은 뭐야?"

"내 강아지 토토야."

"저렇게 작은 동물을 잡아먹으려고 하다니 난 겁쟁이 사자가 분명해……."

갑자기 사자가 훌쩍훌쩍 울기 시작했다.

"넌 왜 겁쟁이가 되었는데?"

"나도 몰라. 원래 그렇게 태어났나 봐. 숲속 동물들은 내가 용감한 줄 알아. 누구나 사자는 동물의 왕이라고 생각하거든. 그런데 내 마음속은 언제나 무서워서 죽을 지경이었어."

허수아비가 말했다.

"동물의 왕이 겁쟁이여서는 안 돼지."

"나도 알아. 그래서 너무 슬프고 불행하다고 생각해."

"혹시 심장병인 거 아닐까?"

양철 나무꾼의 말에 사자가 대답했다.

"어쩌면 그럴지도 몰라."

"심장병이라면 오히려 기뻐해야 해. 그건 너에게 심장이 있다는 증거니까."

양철 나무꾼이 부러운 목소리로 말했다.

"하지만 심장이 없었다면 겁쟁이는 안 되었을 거야."

"머릿속에 두뇌는 있어?"

허수아비가 둘 사이에 끼어들며 말했다.

"한 번도 본 적은 없지만 아마 있을 거야."

사자의 말에 허수아비, 도로시, 양철 나무꾼이 돌아가며 말했다.

"난 오즈에게 두뇌를 달라고 부탁할 거야. 내 머리는 짚으로 만들어졌거든."

"난 심장을 달라고 할 거야."

"난 토토랑 캔자스로 돌아가고 싶어."

"오즈 마법사는 나에게 용기를 줄 수 있을까?"

각자의 소원을 들은 사자가 환해진 얼굴로 도로시에게 말했다.

"오즈 마법사가 허수아비에게는 두뇌를, 양철 나무꾼에게는 심장을, 나는 택사스로 돌아갈 수 있게 해준다면 너에게 용기를 주는 것도 가능할 거야."

“그럼 나도 너희랑 가도 될까? 더 이상 겁쟁이로 살기는 싫어.”

“우린 대환영이야. 네가 아무리 겁쟁이라고 해도 다른 동물들은 너에게 함부로 덤비지 못할 거야. 널 보고 도망가는 짐승들이 더 겁쟁이일 거야.”

“맞아. 그 동물들도 겁쟁이야. 하지만 나 스스로 내가 겁쟁이라는 것을 알고 있는 한은 나는 결코 행복할 수 없어.”

사자도 도로시 일행과 함께 에메랄드 시를 향해 떠났다. 사자에게 물릴 뻔했던 토토는 이 새로운 친구를 별로 달가워하지 않았지만 얼마 후 둘도 없는 단짝이 되었다.

그날의 여행은 순조로웠지만 실수로 딱정벌레를 밟아 죽인 양철 나무꾼이 그 슬픔에 눈물을 흘리다가 눈물이 턱으로 흘러내리면서 턱의 연결 부분이 녹이 슬어버렸다. 위아래 턱이 붙어버린 양철 나무꾼은 몸짓으로 도로시에게 도와달라고 했지만 도로시는 무슨 뜻인지 알지 못했고 그 모습을 본 허수아비가 도로시의 바구니에서 기름통을 꺼내 양철 나무꾼의 턱에 기름을 쳐 주었다.

“이제부터는 눈물 흘릴 일을 만들지 말아야겠어.”

마음씨 착한 양철 나무꾼은 그 뒤로 개미 한 마리라도 눈에 띄면 살짝 넘어갔다. 심장이 없기 때문에 잔인하거나 불친절하게 굴지 않으려고 노력하면서.

"양심이 있는 사람들은 잘못을 저지르지 않을 거야. 하지만 나는 심장이 없으니까 조심해야 해."

인지적, 행동적, 생리적 요인이
상호작용하면서 나타나는 반응

감정

도로시 일행은 겁쟁이 사자를 만났다. 사자는 강아지 토토를 공격하려다 오히려 도로시의 호통에 놀라 어쩔 줄 모른다.

사자는 자신이 굉장한 겁쟁이라고 생각한다. 그래서 도로시 일행이 마법사 오즈를 만나려는 목적을 듣고 용기를 얻기 위해 그들과 떠나면 여행을 시작한다.

과연 허수아비와 양철 나무꾼과 사자는 소원을 이룰 수 있을까? 이들이 소원하는 것은 보이지도 만져지지도 않는 추상적인 개념이기 때문이다.

물론 동화적 상상력 안에서는 불가능은 없다. 마법으로 안되는 게 없으니 말이다.

우리는 허수아비의 생각과 양철 나무꾼의 마음과 사자의 용기가 어떻게 작동하고 신체의 어느 부분에서 발생하는지 알지 못한다.

현대과학은 심리학, 뇌과학, 신경의학 등을 통해 감정과 생각의 근원이라고 생각되는 뇌를 연구하고 마음의 구조를 이해하고자 노력한다.

이러한 노력이 보이지 않는 감정과 마음의 세계를 측정 가능한 과학의 영역으로 가져오고 있기는 하지만 여전히 인류에게 인간의 생각, 감정, 마음은 풀리지 않는 미지수처럼 어렵게만 느껴진다.

감정(정서^Emotion)은 어디에서 살까?

허수아비는 두뇌를, 양철 나무꾼은 마음을, 사자는 용기를 얻기 위해 오즈로 떠난다. 허수아비는 생각하는 힘이 두뇌에서 나온다고 확신했으며 양철 나무꾼 또한 마음이 심장에 있다고 믿었다.

그렇다면 사자의 두려움이라는 감정은 우리 몸 어디에서 시작되는 것일까? 사자는 두려움이 무엇인지 알았기 때문에 반대 감정인 용기를 가지고 싶어 했다.

용기라는 감정은 매우 특별하다. 두려움을 수용하고 극복했을 때 발현되는 감정이기 때문이다.

어쩌면 감정을 과학적으로 분석한다는 것이 너무 무모한 일일지도 모른다.

사자는 자신에게 호통 치는 도로시를 보는 순간, 두려움을 느껴 심장이 쪼그라드는 느낌을 받은 것인지, 심장이 쪼그라드는 느낌 때문에 두려운 것인지, 자신 스스로 겁쟁이라는 생각을 굳게 믿고 있기 때문에 진짜 겁쟁이가 된 것인지, 그 원인조차 알지 못한다. 우리에게 감정은 매우 주관적이며 잡히지 않는 신기루 같다.

오랜 세월, 심리학, 신경의학, 생리학 등의 분야에서는 인간의 감정이 어떻게 형성되고 발현되는지를 연구해왔다.

여전히 인간의 감정이 어떻게 작동되고 있는지는 정확히 알 수 없다. 단지, 최첨단 의료장비와 과학기술 덕분에 철학적 범주에 머물던 마음과 감정의 세계가 수치화되고 객관적으로 관찰 가능한 세계로 옮겨오게 된 것은 확실하다.

심리학에서는 감정을 정서라는 말로 표현한다. 감정은 정서보다 좀 더 구체적인 반응을 말하며 정서는 감정과 느낌을 포함한 포괄적인 개념으로 본다.

감정(정서)이 뇌와 신체 반응과 관련이 있다는 것은 오래된 심리학의 주제였다.

심리학에서 말하는 감정(정서)에 대한 초창기의 정의는 제임스-랑게James-Lange 이론, 캐넌-바드Cannon-Bard 이론, 샤흐터-싱어Schachter-Singer 이론으로 대표되는 세 가지가 있다.

만약 길을 가다 무서운 개를 만났다고 가정해보자.

제임스-랑게 이론은 '무서운 개를 보고 심장이 뛰기 때문에 두려움을 느낀다'라는 내용으로 요약할 수 있다. 심장박동, 호흡, 식은 땀, 상기된 얼굴 등 신체적 반응이 먼저 일어난 후, 이것을 인지하면서 감정(정서)이 일어난다는 것이다. 이것은 자율신경계에 속한 교감신경의 역할을 더 강조한 이론으로, 감정에 있어 인간의 생리적 반응을 우선시 하는 내용이다.

이에 반박하는 캐넌-바드 이론은 감정(정서) 반응과 신체 반응이 동시에 일어난다는 내용이다.

캐넌과 바드에 의하면, 감정(정서)은 뇌의 시상thalamus과 시상하부hypothalamus에서 관여하며 자율 신경계를 차단해도 느낄 수 있다고 주장했다.

샤흐터－싱어Schachter－Singer 이론은 "두려운 감정을 느끼고 그것의 원인이 개라는 것을 인지하면 심장이 뛴다"라는 주장이다.

감정(정서)은 개인적, 사회적으로 인지하는 과정이 있어야, 신체 반응에도 영향을 미친다는 것이다. 이것을 이요인 정서 이론two factor theory of emotion이라고 한다.

이 이론은 현대에 와서 부각되고 있는 인지심리학적 접근이다. 인지심리학에서 말하는 감정은 생각하기에 따라 달라진다.

약속시간에 늦은 친구에게 불같이 화가 났지만, 교통사고가 나서 늦었다는 것을 인지하는 순간, 분노의 감정은 놀람이나 슬픔으로 바뀌게 된다.

감정(정서)에 대한 인지심리학적 접근은 자신의 감정을 객관화시키는 방법을 통해 우울증 치료에 큰 도움을 주었다. 감정에 대한 심리학적 이론은 무엇이 확실히 옳다 그르다 할 수 없다.

현대 심리학은 감정을 인지적, 행동적, 생리적 요인이 서로 상호작용을 하면서 나타나는 반응으로 보고 있다.

예를 들면 생리적으로 심장박동이 심하게 뛸 때는 화가 났을 수도 있고 놀랐을 수도 있고 멋진 사람을 만나서 흥분이 될 수도 있다. 생리적인 반응만으로는 구체적으로 이름 붙일 수 있는 감정이 모호하다.

심장이 빨리 뛰는 것은 놀라서일 수도 있고 화가 나거나 흥분으로 인해서일 수도 있다.

이때 이것이 놀람인지 분노인지 흥분인지를 인지적으로 해석해야 감정을 제대로 알 수 있다. 인지적 해석을 통해 정확한 감정 상태를 알아채면 도망을 간다든가, 소리를 지른다든가 하는 행동적 반응이 나올 수 있는 것이다.

실제 소개팅에서 상대방에게 좋은 호감을 얻고 싶다면, 공포영화를 보는 게 훨씬 유리하다는 재미있는 실험결과도 있다. 이유는 공포영화를 보면 심장박동이 빨라지고 교감신경이 흥분하기 때문이다. 이러한 생리적 반응은 좋아하는 사람을 앞에 두고 일어나는 반응과 똑같다.

공포 영화를 보고 심장이 빨리 뛰는 것과 좋아하는 사람을 보고 심장이 빨리 뛰는 것은 같다?!

우리의 심장과 교감신경은 공포와 사랑의 감정을 표현하는 방식이 똑같다.

이때 공포에 의해 발생한 교감신경과 심장의 흥분은 뇌로 하여금 상대방에 대한 호감으로 생각하게 만든다는 것이다.

이 실험은 생리적 반응이 감정에 영향을 미치는 경우다.

이번에는 행동이 감정에 영향을 주는 경우를 알아보자. 우리가 우울한 감정을 느낄 때 걷는다든가 등산을 한다든가 노래를 하는 등의 행동을 통해 생리적, 인지적 우울감을 완화시키는 데 도움을 줄 수 있다.

이것은 행복해서 웃는 게 아니고 웃으면 행복하다는 의미와 일맥상통하는 것으로 감정을 호전시키기 위한 방법으로 행동도 매우 중요한 요소가 될 수 있다는 것을 보여주는 예다.

실제로 걷기운동이 우울감 해소에 큰 도움이 된다는 연구결과를 제법 찾아볼 수 있다.

사자는 도로시의 호통을 듣고 심장이 쪼그라드는 생리적 반응을 느낀 뒤 그것을 두려움이라고 인지했다. 그래서 동물의 왕 사자에게 있으면 안 되는 두려움을 없애기 위해 용기를 갖기를 원했고 마법사 오즈를 만나 용기를 받겠다는 결심 끝에 에메랄드 시로의 여행을 행동으로 옮긴다.

걷기운동은 우울감 해소에 큰 도움이 된다.

이 모든 과정이 사자로 하여금 두려움을 용기로 바꾸는 위대한 힘이 된 것이다.

우리의 감정은 이렇게 생리적 반응을 객관화할 수 있는 인지적 관찰과 직접적인 행동을 통해 어느 정도는 조절하고 통제할 수 있는 현상임을 심리학은 말하고 있다.

감정은 내가 아니라, 내 것이다. 만약, 사자가 자신이 겁쟁이라고 영원히 믿는다면 사자는 절대 겁쟁이에서 벗어날 수 없다.

내 것인 감정과 잘 지내기 위해서는 나를 관찰하고 대화하며 포용하고 인정하는 습관을 들여 보자.

마법사 오즈에게 가는 길

숲길을 가도가도 집이 보이지 않아 도로시 일행은 큰 나무 밑에서 밤을 지낼 수밖에 없었다. 그 나무는 두꺼운 천막처럼 밤이슬을 막아주었다.

양철 나무꾼이 잘라온 땔감으로 멋진 모닥불을 피운 도로시는 마지막 남은 빵을 토토와 나눠 먹었다.

내일 아침부터는 무엇을 먹어야 할지 막막해진 도로시를 본 허수아비가 바구니에 나무열매를 가득 주워 담았다. 허수아비는 손을 제대로 쓸 수 없어 바구니에 담는 열매보다 떨어뜨리는 열매

가 더 많았고 그 모습을 본 도로시는 웃음을 터뜨렸다.

허수아비는 위험한 불로부터 멀리 떨어져 있을 수 있었기 때문에 오히려 좋았다.

다음날 잠에서 깬 도로시는 작은 개울에서 세수를 하고 허수아비가 수워준 나무 열매로 배를 채운 뒤 친구들과 에메랄드 시를 향해 다시 길을 떠났다.

하지만 한 시간도 못 되어 문제가 발생했다. 길이 끊기고 골짜기가 나타난 것이다. 길게 이어진 골짜기 아래는 까마득한 낭떠러지였고 뾰족한 바위들이 우뚝우뚝 날카롭게 솟아 있었다.

"어떻게 하지?"

힘이 쭉 빠진 도로시 일행은 각자 생각에 잠겼다.

"하늘을 날 수도 없고 기어갈 수도 없어. 여기를 뛰어넘을 수도 없고. 그럼 포기하는 수밖에."

허수아비가 말하자 사자가 건너편까지의 거리를 가늠해본 뒤에 말했다.

"잘하면 내가 뛰어넘을 수 있을 거 같아."

"그럼 됐어. 사자가 우릴 한 명씩 태우고 건너면 되겠네."

"그럼 누가 먼저 탈래?"

허수아비가 먼저 나섰다.

"내가 먼저 탈게. 혹시 실패해서 낭떠러지에 떨어져도 난 다치지 않으니까."

"그런데 사실 나 너무 무서워. 하지만 다른 수가 없으니 어서 등에 타. 한 번 해보자."

허수아비를 태운 사자는 골짜기 가장자리에서 잔뜩 몸을 웅크렸다가 허공으로 훌쩍 날아올라 골짜기 너머로 사뿐히 내려앉았다.

그 모습을 본 친구들은 모두 기뻐했다.

허수아비를 내려놓은 사자는 다시 골짜기를 건너와 토토를 안은 도로시를 태우고 단숨에 골짜기 건너편으로 건너갔다. 그리고 다시 돌아와 양철 나무꾼을 태우고 골짜기를 건넜다.

골짜기를 몇 차례나 뛰어넘은 사자는 숨이 차서 헐떡거렸고 친구들은 사자가 기운을 차릴 때까지 기다렸다.

골짜기 너머의 숲은 더 빽빽하게 나무들로 들어차 있었다.

얼마 뒤 도로시 일행은 숲이 끝나기를 바라며 다시 길을 나섰다. 얼마쯤 지났을까 이상한 소리가 들려왔다.

겁쟁이 사자가 벌벌 떨면서 이곳은 칼리다가 사는 숲이라고 속삭였다.

"칼리다가 뭐야?"

도로시가 묻자 사자가 대답했다.

"칼리다는 괴물이야. 머리는 호랑이처럼 생겼고 몸은 곰이며 발톱은 매우 길고 날카로워. 그 발톱에 걸리면 나 같은 것은 갈기갈기 찢길 거야. 그러니 빨리 이곳을 빠져나가야 해."

그때 눈앞에 또 다른 골짜기가 나타났다. 이번 골짜기는 사자도 건너뛸 수 없을 정도로 폭이 넓었다.

도로시 일행이 어떻게 해야 할지 고민하는데 허수아비가 말했다.

"저기 있는 큰 나무를 양철 나무꾼이 도끼로 찍어서 건너편으로 쓰러뜨리면 건널 수 있어."

"그거 정말 좋은 생각이야. 허수아비 머릿속에는 짚이 아니라 두뇌가 있는 거 아냐?"

사자가 감탄하며 말했다.

양철 나무꾼은 날카로운 도끼로 손쉽게 나무를 찍어내다가 마지막 한방은 발로 힘껏 밀어서 건너편으로 쓰러뜨렸다. 외다무다리가 만들어진 것이다.

도로시 일행이 외나무다리를 건너고 있는데 으르렁대는 소리가 들렸다. 뒤를 돌아보니 곰의 몸뚱이에 호랑이 머리를 한 괴물 두 마리가 달려오고 있었다.

"칼리다야. 빨리 다리를 건너야 해."

겁쟁이 사자가 부들부들 떨며 소리쳤다.

토토를 안고 도로시가 먼저 다리를 건넜고 뒤를 이어 양철 나무꾼과 허수아비가 건넜다. 그동안 사자는 겁이 났지만 뒤돌아 칼리다들을 향해 이빨을 드러내며 으르렁거렸다. 그 소리가 어찌나 크던지 도로시는 겁이 나 비명을 질렀고 허수아비는 엉덩방아를 찧었으며 괴물들조차 발걸음을 멈추었다.

그러자 사자는 재빨리 외나무다리를 건넜고 그 뒤를 따라 칼리다들이 외나무다리에 올라탔다.

"저놈들에게 잡히면 끝장이야. 내 뒤에 꼭 붙어. 내가 저놈들과 싸울게."

사자가 싸우려고 하자 허수아비가 양철 나무꾼에서 소리쳤다.

"어서 외나무다리를 잘라버려."

양철 나무꾼이 재빨리 도끼를 휘둘러 외나무다리가 우지끈 소리를 내며 무너지자 외나무다리를 거의 건너던 칼리다들이 무너진 다리와 함께 골짜기로 떨어져 뾰족한 바위에 찔려 죽었다.

“휴. 정말 끔찍했어. 아직도 심장이 쿵쾅거리네.”

사자가 긴 한숨을 내쉬자 양철 나무꾼이 슬픈 목소리로 말했다.

“나도 콩닥거릴 심장이 있었으면 좋겠어.”

무시무시한 사건을 겪은 도로시 일행은 최대한 빨리 이 숲을 빠져 나가고 싶어 걸음을 재촉했지만 도로시가 지쳐버리자 사자는 도로시를 등에 태우고 계속 쉴새없이 걸었다.

드디어 나무가 듬성듬성해지자 일행은 모두 기뻐했고 오후가 되자 유유히 흐르는 넓은 강이 나타났다.

노란 벽돌길은 강 건너편으로 이어지고 있었다. 그 길에는 아름다운 꽃들이 가득 피어 있고 과일이 주렁주렁 열린 나무들이 줄지어 서 있었다.

그 모습에 일행은 모두 기뻐했지만 곧 강을 어떻게 건너야 할지 고민하게 되었다.

이번에도 허수아비가 방법을 말했다.

“양철 나무꾼이 나무를 잘라 뗏목을 만들면 돼. 그럼 모두 강을 건널 수 있어."

양철 나무꾼이 나무를 잘라오더니 뗏목을 만들었고 그 사이 허수아비가 나무에서 맛있는 과일을 따 오자 도로시는 맛있게 먹었다.

양철 나무꾼이 부지런히 뗏목을 만들었지만 쉽지 않아 날이 저물고 말았다. 일행은 나무 밑에 잠자리를 만들어 잠이 들었다.

감정을 조절하는 우리 몸의 화학물질

신경전달물질과 호르몬

우리는 누군가를 사랑할 때 심장박동이 빨라지는 걸 느낀다. 이와 반대로 두려운 감정에 휩싸이면 심장이 오그라 들고 멈춘 듯한 느낌도 받는다. 겁쟁이 사자 또한 도로시의 호통에 심장이 쪼그라드는 것 같다고 두려워한다.

심장이 터질 것 같다든가, 심장이 오그라드는 것 같다든가, 피가 거꾸로 흐르는 것 같다 든가 하는 반응은 감정과 직접적으로 연관이 있는 생리적 반응이다.

감정을 알아채는 인지적 반응은 뇌이지만, 몸으로 느껴지는 생리적 반응은 자율신경계와 연관이 있다.

그렇다면 구체적으로 감정과 생리적 반응은 어떤 연관이 있을까? 우리 뇌에서 감정은 신피질과 대뇌변연계의 합작품으로 발생한다.

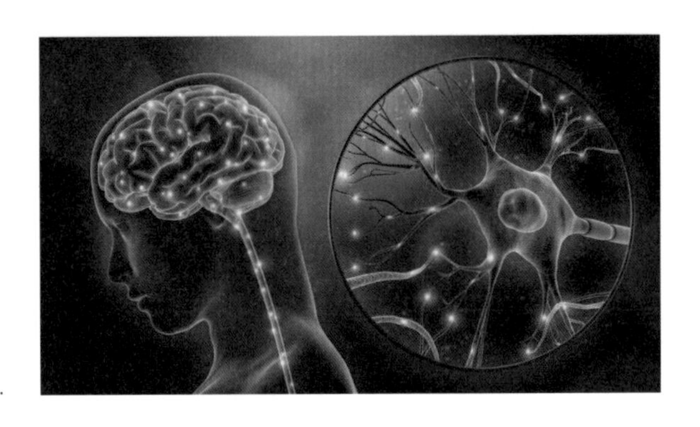

뇌와 뉴런.

뇌에서 느끼는 감정은 시상하부의 자율신경계를 통해 신체에도 영향을 준다. 사자가 그랬던 것처럼 심장 박동 변화, 식은 땀, 얼굴 홍조, 호흡곤란 등의 형태로 신체를 통해 감정을 표출하는 것이다.

지금부터 이 모든 과정이 어떻게 발생하는지 과정을 살펴보자.

인간의 감정을 담당하는 뇌의 영역은 앞서 허수아비의 두뇌에서 언급한 '대뇌변연계'로 알려져 있다.

이곳에는 기억과 무의식에 관여하는 해마와 편도체가 있다. 갓 구운 빵 냄새를 맡는 순간 어릴 적 친구와 함께 빵을 먹으며 즐거웠던 기억이 떠오른 경험이 있다면 그것은 해마와 편도체가 협력하여 만들어낸 결과다.

뇌는 이 모든 과정을 어떻게 연결하고 통합할까? 답은 뇌 신경세포인 뉴런neuron에 있다.

뉴런은 뇌를 비롯해 온몸에 연결되어 있으며 서로 끊임없이 정보를 교환한다. 뇌와 신경세포 간 정보전달은 신경전달물질을 통해 이루어진다.

뉴런 구조

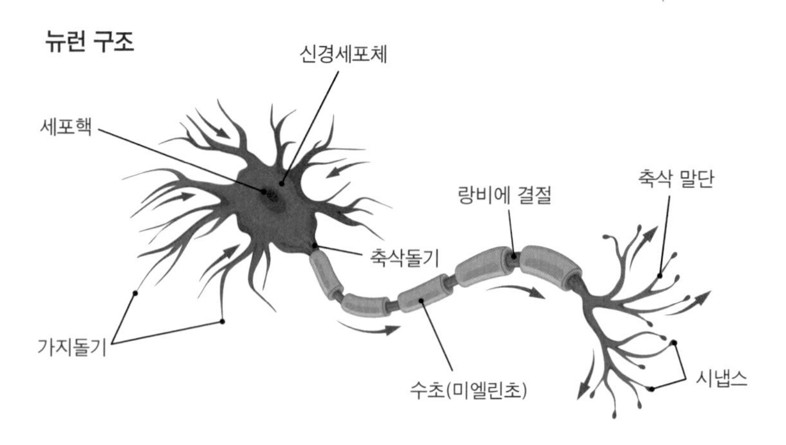

신경전달물질도 우리의 감정을 결정짓는 중요한 매개체가 된다. 행복감을 주는 '세로토닌', 스트레스와 긴장, 불안을 일으키는 '코르티솔', 사랑의 감정을 북돋아 주는 '옥시토신', 기분을 좋게 하는 '도파민', 집중력을 높이는 '노르아드레날린' 등 다양한 신경전달물질이 뇌하수체를 비롯한 온몸에서 분비되어 우리의 감정을 지배한다.

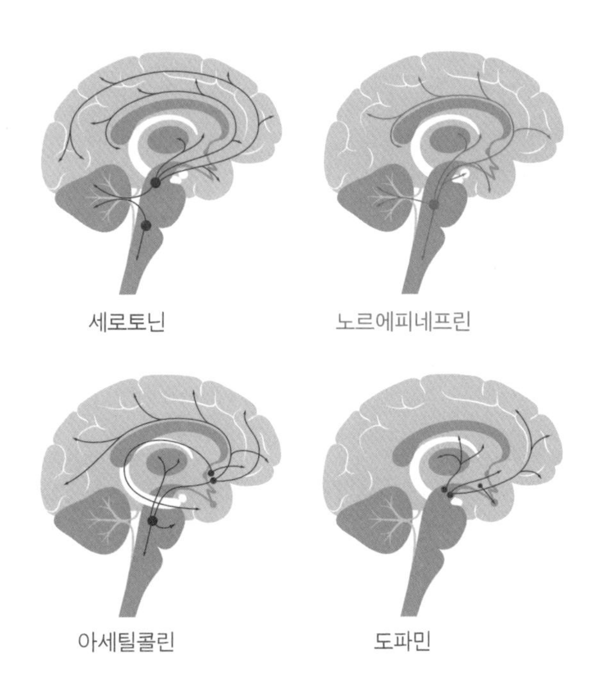

인간의 신경전달물질이 뇌에 작용하는 과정의 몇 가지 예.

결국 뇌 신경학적으로 감정은 뇌와 신체가 받아들이는 외부자극에 의한 호르몬 분비와 대뇌변연계에서 받아들이는 기억과 무의식에 대한 정보처리 과정에 의해 만들어지는 신체적 반응인 것이다.

이러한 관점에서 보자면 적절한 운동, 영양가 높은 식단, 긍정적인 생각 등의 인위적인 노력을 통해 신체 기능을 최적의 상태로 돌려놓으면 감정의 긍정적인 변화를 가져올 수 있다는 말이 된다.

우리의 감정을 지배하는 것은 무엇일까? 우리는 감정이 마음에서 나온다고 생각한다. 과연 그럴까? 아쉽게도 뇌과학자들은 감정은 호르몬에 의해 좌우된다고 한다.

즉 내 감정은 내 마음에서 나오는 것이 아닌 뇌나 신체 일부에서 분비되는 화학물질인 호르몬에 의해 조절되는 화학반응 같은 것이다.

이 화학반응을 조절하는 물질에는 크게 신경전달물질과 호르몬이 있다. 신경전달물질neurotransmitter은 뇌를 비롯한 신체의 신경세포 간에 화학적 신호를 전달하기 위한 물질을 말한다.

1900년 초반까지만 해도 우리 몸의 신경세포는 실처럼 연결되어 정보를 주고받는 것으로 알려져 있었다.

하지만 직접 신경세포를 관찰한 과학자들은 오히려 신경세포 간에 공간이 있음을 발견하게 되었다.

신경세포가 엄청난 양의 정보를 어떻게 주고받는지를 밝혀낸 최초의 과학 실험은 1921년 미국의 약리학자인 오토 뢰비Otto Loewi, 1873~1961 박사의 '개구리 심장의 미주신경' 실험을 통해서였다.

이 실험은 신경 세포 간에 정보를 주고받은 화학적 매개체에 대한 막연한 생각에 확실한 증거를 보여준 실험이다.

뢰비 박사는 두 마리의 개구리 미주신경을 넣은 영양액을 연결하여 한쪽 개구리의 신경에 전기 자극을 주었더니 다른 쪽에 있는 미주신경도 똑같은 자극을 받아 움직이는 것을 관찰하게 된다. 두 개구리의 미주신경을 이어 주는 어떤 신경도 없었는데도 말이다.

이것은 미주신경을 담고 있는 영양액 사이에 어떤 화학물질이 이동하여 자극을 전달했다는 것을 증명해주는 실험이었다.

결국 이 실험을 통해 뢰비 박사는 신경세포의 정보 전달과정은 '신경전달물질'을 통해서 이루어진다는 것을 알아냈다.

신경전달물질은 신경세포 말단의 '소포체'에 저장되어 있다가 전기적 신호를 통해 정보가 도착하면 소포체에서 터져 나간다. 이렇게 터져 나간 '신경전달물질'은 다음 신경세포의 세포막에 있는 수용체와 결합함으로써 신경세포 간의 정보가 전달된다.

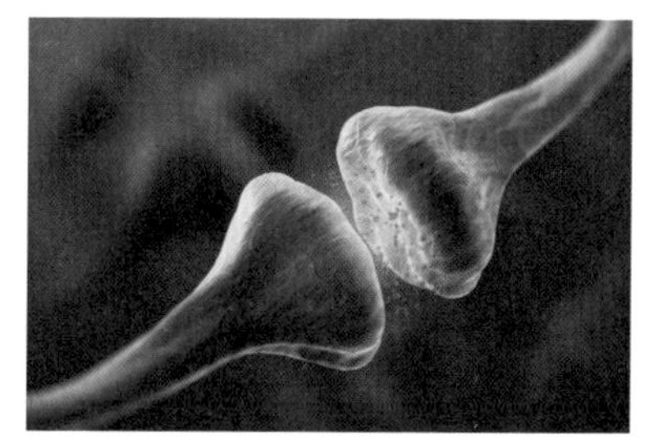
신경전달물질이 소포체에서 작용하는 모습.

신경전달물질의 종류로는 행복감을 주는 도파민Dopamine, 천연 진통제 엔도르핀Endolphine, 마음의 안정을 주는 세로토닌Serotonine, 진정과 집중력을 주는 아세틸콜린Acetylcholine, 스트레스를 줄여주는 가바GABA 등이 있다.

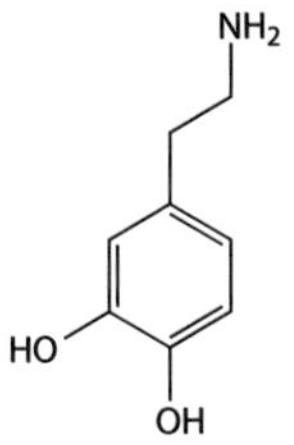

NH2 HO OH

도파민

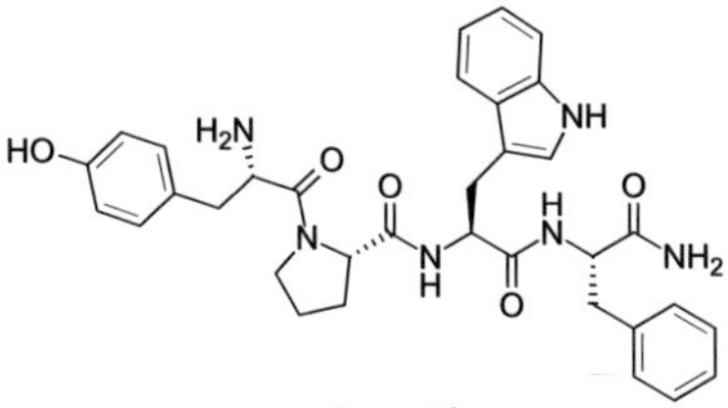

HO H2N O N O H NH O H N O NH2

엔도르핀

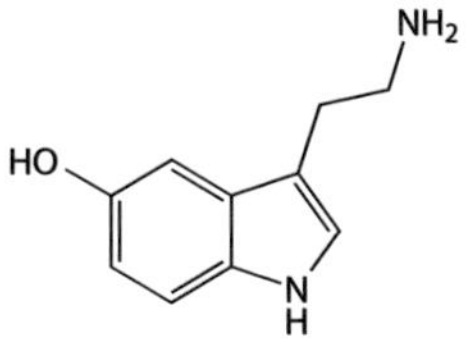

NH2 HO N H

세로토닌

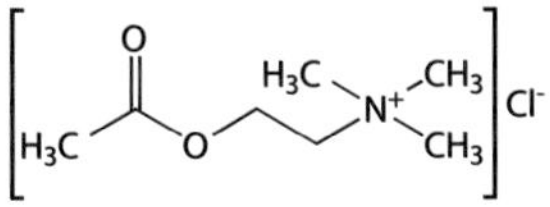

O H3C O H3C N+ CH3 CH3 Cl-

아세틸콜린

O H2N OH

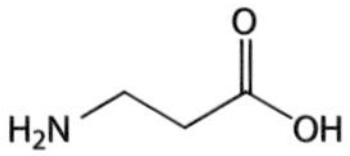

가바

신경전달물질과 함께 우리의 감정에 영향을 미치는 생리적 화학물질로는 호르몬hormone이 있다.

호르몬은 신체의 다양한 기능과 생리작용을 유지 시켜주는 중요한 화학물질이다.

뇌하수체, 갑상샘, 부신, 이자, 정소와 난소 등 내분비샘에서 혈액으로 직접 분비된다는 점이 신경전달물질과 다른 점이다.

신경전달물질이 신경세포 사이에서만 신호를 전달한다면 호르몬은 혈액을 타고 온몸을 돌면서 호르몬의 표적이 되는 기관으로 들어가 그 기관에 필요한 역할을 한다.

간뇌의 시상하부에 위치한 뇌하수체에서는 생장호르몬, 갑상샘 자극호르몬, 생식샘 자극호르몬, 항이뇨 호르몬이 분비된다.

성대 아래 나비 모양의 갑상샘에서 분비되는 호르몬인 티록신은 세포호흡과 심장박동 등에 관여한다.

신장 위쪽에 위치한 부신에서 분비되는 호르몬인 아드레날린은 심장박동을 증가시키며 혈당을 증가시켜 에너지를 공급한다.

이자샘에서는 인슐린과 글루카곤이 분비된다. 인슐린은 혈당량을 감소시키고 반대로 글루카곤은 혈당량을 상승시킨다.

생식샘인 정소와 난소에서 분비되는 호르몬인 테스토스테론(남성)과 에스트로겐(여성)은 남성과 여성의 2차 성징을 나타나게 하는 역할을 한다.

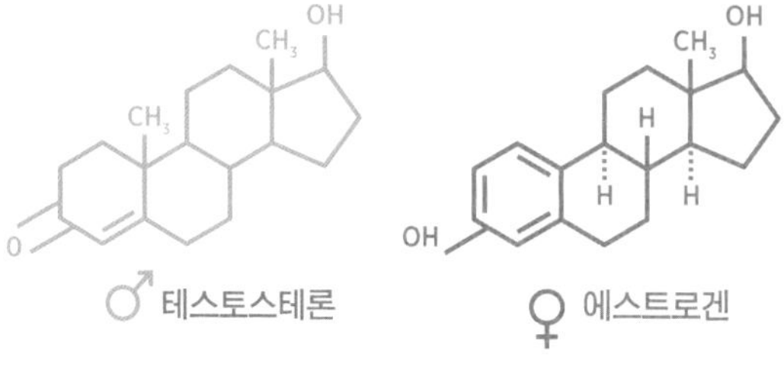

♂ 테스토스테론

♀ 에스트로겐

우리의 감정은 단순히 인지적인 측면에서만 발생하는 것이 아닌, 뇌와 신체가 서로 주고받는 신경전달물질과 호르몬을 통해 생리적인 반응으로도 나타나게 된다.

어찌 보면 우리 몸 전체가 감정으로 이루어졌으며 감정의 영향력 아래 있다고 해도 과언이 아니다.

'심장이 쪼그라 들고, 간담이 서늘하며, 애간장이 녹고, 가슴이 뻥 뚫린 것 같다'는 언어적 표현들에서도 감정과 생리적 반응은 뗄래야 뗄 수 없는 관계라는 것을 알 수 있다.

우리는 감정을 통제하려고 노력한다. 하지만 생리적으로 표출되는 감정은 자율신경계의 영향으로 우리가 통제할 수 있는 부분이 아니다.

심장을 1분만 잠시 멈추고 싶다고 그렇게 할 수 있는가? 아마도 심장은 내 말을 들어주지 않을 것이다. 우울하고 싶지 않지만, 우울감이 생기는 것을 막을 수 없다.

이유 없이 밀려오는 우울감에는 자신이 인지하지 못하는 원인이 내재하고 있을 가능성이 있다.

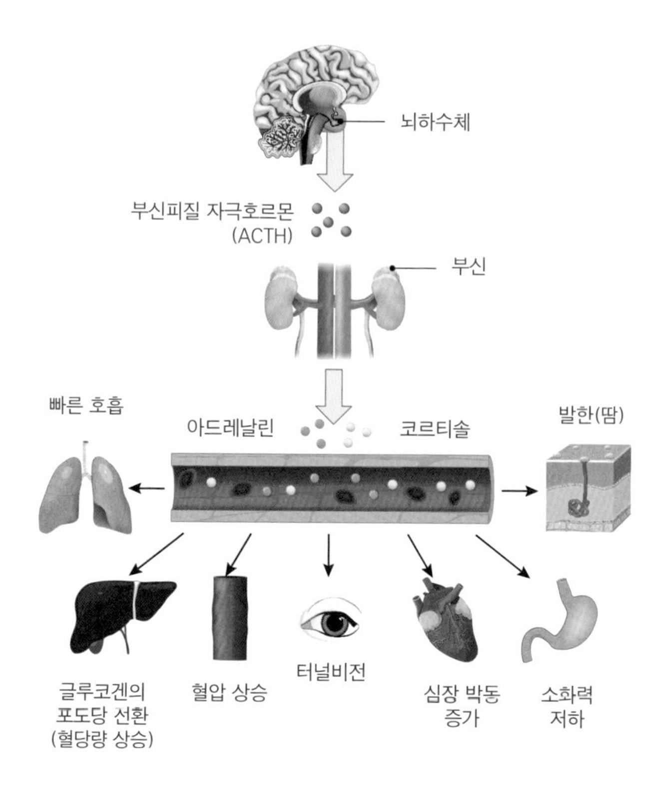

우리 뇌가 인지하지 못하는 이유를 우리의 몸은 알고 있을지도 모른다.

가장 좋은 방법은 생리적 반응을 잘 관찰하여 인지적 영역으로 가져와 감정의 원인을 알아차리는 것이다.

'건강한 신체에 건강한 정신이 깃든다'라는 말은 단순히 교훈을 주기 위한 이야기가 아닌, 생리의학적으로도 맞는 말이다.

몸에 좋은 음식을 섭취하고 적절한 운동을 하며 긍정확언이나 명상을 하는 등 긍정적 감정을 위한 물리적인 행동은 실제 우리의 감정을 개선시킬 수 있다.

행복해서 웃는 것이 아니라, 웃으면 행복해지는 것이다. 겁쟁이 사자가 용기를 내었던 것처럼 말이다.

죽음의 양귀비 꽃밭

다음 날 기분 좋게 잠에서 깬 도로시는 과일로 아침식사를 하고 뗏목이 완성되자 토토를 안고 뗏목에 올라탔다. 다음으로 겁쟁이 사자가 올라타자 뗏목이 한쪽으로 기울었다. 양철 나무꾼과 허수아비가 재빨리 반대쪽에 올라타자 뗏목은 겨우 균형이 잡혔다. 그들은 장대를 이용해 강 건너편 쪽으로 밀어 냈다.

처음에는 그들이 원하던 대로 움직이던 뗏목은 강 중간쯤 오자 빠른 물살에 휩쓸리면서 자꾸만 아래로 떠내려갔다. 도로시 일행은 노란 벽돌길에서 점점 멀어지고 있었다.

"이대로 떠내려가면 우린 사악한 서쪽 마녀의 나라에 가게 될 거야. 그럼 서쪽 마녀의 노예가 될지도 몰라."

양철 나무꾼의 말에 허수아비는 장대로 강바닥을 힘껏 찔러보았다. 그 결과 장대가 강바닥에 박히는 바람에 허수아비는 장대에 매달리게 되었고 그 사이 뗏목은 더 아래로 내려가고 있었다.

불쌍한 허수아비는 장대 끝에 매달린 채 소리쳤다.

"난 괜찮아. 모두 안녕! 잘 가!"

뗏목에서 그 모습을 보며 일행은 안타까워 발을 동동 굴렀지만 할 수 있는 일이 없었다. 양철 나무꾼은 눈물이 나자 몸이 녹슬까 봐 얼른 도로시의 옷자락에 눈물을 닦았다.

결국 허수아비가 보이지 않을 정도로 떠내려가자 사자가 말했다.

"이러고 있을 수만은 없으니 내가 뗏목을 끌고 강 건너까지 헤엄쳐 갈게. 너희는 내 꼬리를 단단히 붙잡고 있어."

사자가 강물로 뛰어들자 양철 나무꾼이 사의 꼬리를 단단히 움켜잡았다. 사자는 모든 힘을 다해 건너편 강기슭으로 헤엄치기 시작했지만 빠른 물살을 헤치고 뗏목을 끈 채 헤엄친다는 것은 너무 힘든 일이었다.

그래도 사자가 포기하지 않고 힘을 내서 간신히 강기슭에 닿을 수 있었다.

지친 사자가 풀밭에 누워 몸을 말리고 있는 동안 도로시는 노란 벽돌길로 갈 방법을 생각했다.

"이 강가를 따라서 계속 걸어가면 노란 벽돌길이 나올 거야."

휴식이 끝나자 도로시 일행은 노란 벽돌길이 나올 때까지 강기슭을 따라 걷기 시작했다. 온갖 예쁜 꽃들과 과일 나무들이 가득한 아름다운 길이었다. 그래서 가여운 허수아비를 잃은 슬픔만 아니라면 무척 행복한 여행이었을 것이다.

"저기 좀 봐!"

양철 나무꾼이 손가락으로 가리키는 곳을 보자 강 한복판에 서 있는 허수아비가 보였다. 몹시 외롭고 슬퍼 보였다.

"허수아비를 구할 방법이 없을까?"

도로시 일행은 강기슭에 주저앉아 안타까운 눈으로 허수아비를 바라보았다. 그때 황새 한 마리가 잠시 쉬어가려는 듯 물가에 내려앉았다.

"너희는 누구야? 어디로 가는 거야?"

"나는 도로시이고 여긴 내 친구들이야. 우린 에메랄드 시로 가고 있어."

"길을 잘못 들어섰는데?"

황새가 긴 목을 꼬며 기묘한 조합의 일행을 하나씩 살펴보며 말했다.

"우리도 알아. 그리고 우린 지금 위험에 빠진 허수아비를 구해낼 방법이 없을까 생각 중이었어."

"허수아비? 어디 있는데?"

"저기 강 한복판에 있어."

"너무 무겁지만 않다면 내가 구해줄 수도 있어."

황새의 말에 도로시가 애원하듯 말했다.

"정말? 허수아비는 짚으로 만들어 무겁지 않아. 그러니 제발 구해줘."

"그럼 한 번 해볼게. 하지만 무거우면 강에 떨어뜨릴지도 몰라."

황새는 날개를 활짝 펴서 허수아비에게로 가더니 큰 발톱으로 허수아비의 어깨를 힘껏 움켜쥐고 도로시 일행을 향해 다시 날아왔다.

허수아비를 다시 만난 도로시 일행은 서로 얼싸안고 매우 기뻐했다.

그들은 다시 길을 떠났고 기분이 좋은 허수아비는 콧노래를 흥얼거렸다.

"난 영원히 강 한가운데 있을 줄 알고 너무 무서웠어. 그런데 황새가 날 구해줬어. 내가 두뇌를 얻게 된다면 황새에게 꼭 보답할 거야."

"괜찮아. 원래 난 남 돕는 것을 좋아하거든. 그럼 난 이만 가볼게. 행운을 빌어."

도로시 일행을 따라오던 황새가 이렇게 말한 뒤 다른 곳으로 날아갔다.

도로시 일행은 예쁜 새들의 노래를 들으며 계속 길을 따라 걸었다. 길 양쪽에는 아름다운 꽃들로 가득했고 특히 화려한 양귀비꽃들이 눈부시게 피어 있었다.

도로시는 그윽한 양귀비 꽃 향기를 들이마시면서 말했다.

"우와, 정말 아름답고 향기롭다."

길을 걸을 수록 양귀비꽃이 많아지더니 어느덧 양귀비꽃이 가득한 밭 한가운데로 들어서게 되었다.

양귀비꽃 향기는 너무 많이 맡으면 잠이 들게 되는데 잠이 든 사람을 양귀비가 없는 다른 곳으로 빨리 옮기지 않는다면 영영 잠에서 깨지 못할 수도 있다. 하지만 그런 사실을 모르는 도로시는 계속 양귀비꽃밭을 걸으며 양귀비꽃의 아름다움에 취해 있었다. 결국 도로시의 눈꺼풀이 점점 무거워지면서 도로시가 밀려오는 잠에 취해 땅바닥에 털썩 주저앉았다.

"도로시, 해가 지기 전에 노란 벽돌길로 돌아가야 해. 그러니 서둘러."

양철 나무꾼의 말이 맞다고 생각한 허수아비가 양철 나무꾼과 함께 도로시를 부축했다.

하지만 도로시는 계속 주저앉으며 잠이 들었다.

양철 나무꾼이 사자에게 물었다.

"어쩌지?"

"도로시를 이대로 두면 죽게 될 거야. 나도 양귀비의 독한 향기에 점점 눈꺼풀이 무거워지고 있어. 저런, 토토도 잠들었어."

허수아비가 도로시 옆에 쓰러져 잠들어버린 토토를 보더니 사자에게 소리쳤다.

"사자야, 빨리 뛰어가! 있는 힘을 다해서 이 죽음의 꽃밭에서 도망쳐. 도로시는 우리가 어떻게 하든 데리고 갈게. 도로시는 우리가 옮길 수 있지만 사자 너는 너무 무거워서 잠들면 우리가 옮길 수 없게 될 거야."

허수아비의 말에 정신이 번쩍 든 사자는 바람처럼 달려가 순식간에 모습이 보이지 않았다.

허수아비와 양철 나무꾼은 토토를 도로시의 무릎에 앉히고 손가마를 만들어 도로시를 태운 다음 걷기 시작했다.

끝없을 것만 같던 죽음의 양귀비꽃밭을 거의 벗어날 무렵 그들은 양귀비꽃밭 끝에 잠들어버린 사자를 발견했다. 바로 앞에 푸른 풀밭이 있었음에도 사자는 양귀비꽃의 독한 향기에 쓰러져버린 것이다.

"사자는 우리 힘으로 옮길 수 없어. 영원히 잠들게 둘 수밖에 없을 거 같아……."

양철 나무꾼이 슬퍼하며 말하자 허수아비가 고개를 끄덕였다.

"정말 안됐지만 우린 계속 가야 해. 겁쟁이 사자였지만 참 좋은 친구였어."

허수아비와 양철 나무꾼은 도로시를 강기슭으로 데려가 토토와 함께 가만히 뉘었다. 그리고 산들바람이 둘의 잠을 깨워주기를 기다렸다.

신의 선물에서 세상의 고통이 된

양귀비

인간의 역사에서 상처를 치료하거나 질병 치료에 수많은 동식물을 이용했다. 그중 고대부터 알려진 치료제로는 양귀비가 있다.

양귀비는 아편의 재료로 신의 약품이라고도 불렸다. 해충과 균에 강한 저항성을 가지고 있어 쉽게 재배할 수 있으며 아프카니스탄에서는 가장 중요한 현금 작물이기도 하다.

의학의 아버지 히포크라테스는 아편을 불면증

치료제로 사용했고 고대 그리스의 위대한 의사 갈렌은 간질병, 두통, 뇌일혈, 기관지염, 천식, 당뇨병, 비뇨기 질환, 나병, 우울증 치료 등에 썼다. 하지만 이들은 아편의 부작용은 알지 못했다.

양귀비를 이용한 아편의 종류와 사용법.

아편의 중독성을 발견한 이는 멜로스의 의사 다이아고라스로, 많은 그리스인들이 아편에 중독된 것을 발견하고 고통을 견디는 것이 아편에 중독되는 것보다 낫다고 주장했다. 하지만 그의 경고는 2500여 년 동안 무시되어졌다.

고대 로마에서도 아편을 즐겼고 정적을 살해하는데 이용되었지만 그리스와 로마는 다른 나라와 아편 무역을 하지는 않았다.

7세기 중국은 아편을 의학적 목적으로 수입했다. 그런데 중국에 온 포르투칼 사람들이 담뱃대를 이용해 아편을 피우면서 중국은 아편에 중독되기 시작했고 1839년경 영국에서 2500톤의 아편을 수입할 정도로 중국 인구의 25%에 달하는 사람들이 아편에 중독되었다. 그리고 아편으로 인한 폐해는 중국 사회를 병들게 했고 중국 정부는 아편을 수출하는 영국과 전쟁을 했지만 패해서 아편을 합법화하게 되었다.

아편에 중독된 중국인들.

당시 중국은 아편을 흡연했는데 영국과 미국은 16세기 초 스위스의 의사이자 연금술사, 점성술사, 철학자였던 파라겔수스가 아편을 섞어 만든 음료 라우다움을 기침, 설사, 이질, 통풍 등의 치료제로 마셨다. 서양에서 아편은 의약품으로 각

광받았던 것이다.

하지만 아편 중독의 위험성을 알게 된 미국에서는 아편을 금지시켰고 아편 중독자들을 쓰레기라고 불렀다. 아편 중독자들이 돈으로 바꿀 수 있는 것들을 찾기 위해 쓰레기장을 뒤지는 경우가 많았기 때문이었다.

결국 미국에서는 아편을 비롯한 향정신성 의약품 처방을 기록하고 등록하는 해리슨 법률이 통과되었고 의사들의 처방마저 금지되었다. 하지만 아편으로 파생된 의약품 중독은 이제부터 시작이었다.

아편의 대표적인 생물학적 작용을 이용한 잘 알려진 약품은 다음과 같다.

모르핀

우리가 가장 일반적으로 알고 있는 중독성이 강한 아편계 진통 의약품이다. 동식물에 자연적으로 존재하는 알칼로이드alkaloid 물질로 중추 신경계CNS에 직접 작용해 통증을 줄여준다.

코데인

주로 기침 억제제나 약한 진통제로 이용된다.

알파-나르코틴과 파파베린

근육 이완제이다.

테베인

모르핀과 유사하지만 주로 진통과 진정 효과가 있는 모르핀과 달리 테바인은 인체 내에서 중추신경을 흥분시키는 작용을 한다. 오남용하면 오심, 구토, 호흡 곤란을 일으키거나 사망할 수 있으며 장기간 복용하면 중독된다. 의료 목적을 위해 직접 사용하지 않고 하이드로코돈, 옥시코돈, 옥시모르핀, 날록손 등의 의약물로 바꿔 사용한다.

헤로인은 아편에서 추출한 모르핀을 합성해 만들어진 무색의 결정화된 분말로, 중독성이 모르핀보다 10배나 더 강한 물질이지만 모르핀의 중독성을 제거한 약품으로 연구되었다. 초기엔 위염 발생 위험이 있다는 아스피린보다 더 안전한 약물로 인정받았으며 의사의 처방 없이도 쉽게 구입이 가능했다. 아스피린처럼 독감과 감기 치료제이자 폐렴, 폐결

헤로인.

핵, 천식, 건초열 치료제로 미국 의학협회 잡지에 실릴 정도였다. 유아와 임신부에게도 안전하다고 주장되었고 심지어 모르핀 중독자들에게 무료로 헤로인을 보내는 운동이 전개되고 표준 치료제가 되었다.

그리고 계속해서 새로운 마약이 만들어지고 있다.

고대에 신의 선물로 불리던 양귀비가 고통과 수많은 질병을 치료하기 위한 모르핀의 재료가 되면서 그 위험성이 알려지고 부작용을 제거했다고 믿었던 헤로인이 더 강력한 마약이 되어 사람들을 위협하게 된 것이다. 그리고 양귀비는 여전히 그 중독성으로 인류를 위협하고 있다.

아름다운 꽃이 독이 되는 과정을 오즈의 마법

사에서는 향기를 오래 맡게 되면 영원한 잠에 빠지는 것으로 묘사된 것이다.

자연에서 얻은 것이라 해도 그저 중독되어 모든 것을 망치는 마약일 뿐이며 중독되면 오즈의 마법사 속 양귀비 향기에 중독된 사람들처럼 영원한 잠에 빠질 뿐임을 기억하자.

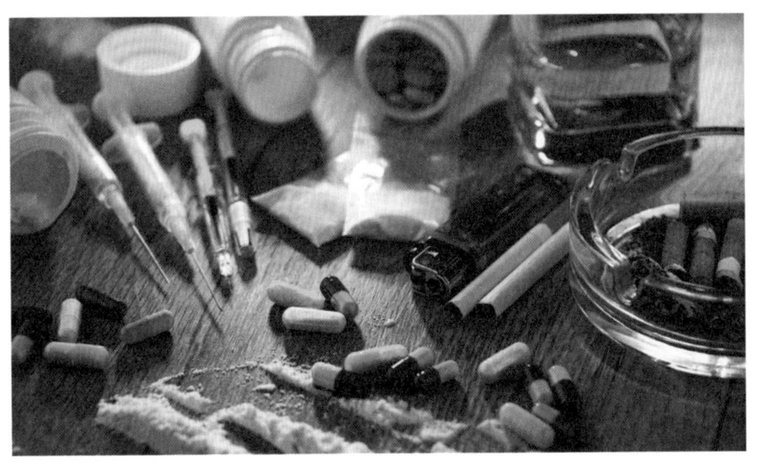

마약은 인간 자체를 무너지게 하는 무서운 독이다.

들쥐들의 여왕

“이제 노란 벽돌길에 거의 왔을 거야. 아까 강물에 떠내려간 거리만큼 걸어왔으니까.”

도로시가 깨기를 기다리며 허수아비가 말했다.

양철 나무꾼이 대답을 하려고 고개를 돌리는 순간 어디선가 나지막하게 으르렁거리는 소리가 들려왔다. 소리가 들리는 쪽을 살펴보니 노란 살쾡이 한 마리가 풀밭을 가로질러 달려오고 있었다. 무언가를 쫓고 있는 모습이었다.

살쾡이는 작고 귀여운 들쥐를 사냥하고 있던 중이었다. 양철 나무꾼은 살쾡이가 옆을 지나가는 순간 도끼를 내려쳐 살쾡이를 죽였다.

그러자 들쥐가 멈춰서더니 양철 나무꾼에게 다가와 인사를 했다.

"내 목숨을 구해주어 정말 고맙소."

"난 도움을 필요로 하는 자를 돕고 싶었을 뿐이야. 비록 보잘 것 없는 들쥐라 해도 말이야."

"보잘 것 없는 들쥐라니. 난 이래 뵈도 이 들판에 사는 쥐들의 여왕이라오."

들쥐가 벌컥 화를 내며 말하자 양철 나무꾼이 고개를 숙였다.

"이런! 들쥐 여왕님을 몰라 뵈었군."

"어쨌든 내 목숨을 구했으니 당신은 아주 대단한 일을 했소."

그때 들쥐 몇 마리가 달려오더니 여왕 들쥐를 보고 환호성을 질렀다.

"여왕마마, 살아계셔서 다행입니다."

"이 재미있게 생긴 분이 살쾡이를 죽이고 내 목숨을 구했노라. 그러니 너희들은 이분을 잘 받들고 원하는 것은 무엇이든 들어드리도록 하라."

"예. 분부대로 하겠습니다."

그때 토토가 깨어나더니 들쥐들을 보고 사납게 짖으며 곧장 달려들었다.

양철 나무꾼은 얼른 토토를 안아들고 들쥐들에게 말했다.

"토토는 너희를 해치지 않으니까 안심해도 돼."

"정말 그 개가 우리를 해치지 않는단 말이오?"

급히 숨었던 여왕 들쥐가 고개를 내밀고 말하자 다른 들쥐들도 말했다.

"우리 여왕님을 구해주셨으니 보답을 하고 싶습니다. 저희가 도와드릴 일이 없을까요?"

그러자 짚으로 가득찬 머리로 골똘히 생각에 잠겼던 허수아비가 말했다.

"우리 친구 겁쟁이 사자가 양귀비꽃밭에 잠들어 있는데 그 사자를 구해줘."

"사자라구요? 사자가 잠에서 깨어나면 우리를 잡아먹으려고 할걸요?"

"천만에. 그 사자는 겁쟁이야. 또 지금은 깊이 잠들어 있어. 그러니 제발 도와줘."

"좋소. 당신을 믿겠소. 우리가 어떻게 하면 되오."

"들쥐의 숫자가 얼마나 되지? 그 들쥐들에게 밧줄을 하나씩 가지고 모이라고 해줘."

허수아비의 말에 들쥐들이 사방으로 흩어졌다. 그 모습을 본 허수아비가 사자에게 말했다.

"넌 나무를 베어서 사자를 태울 수레를 만들어."

양철 나무꾼이 재빨리 나무를 베어 들쥐들이 모두 도착하기 전에 수레를 만들었다.

수천 마리의 들쥐들이 입에 기다란 끈을 하나씩 물고 모여들었다.

잠에서 깨어나기 시작한 도로시는 그 모습을 보고 너무 놀라 비명을 지르고 말았다. 그러자 허수아비가 재빨리 그동안 있었던 이야기를 설명했다.

"이 쥐가 들쥐들의 여왕이야."

여왕 들쥐와 도로시는 곧 친구가 되었고 허수아비와 양철 나무꾼은 들쥐들이 가져온 끈들을 모두 수레에 묶고 남은 한쪽을 쥐들의 몸에 걸었다.

수천 마리의 들쥐들이 모두 힘을 합해 끌자 거대한 수레가 쉽게 움직이기 시작했다.

그들과 함께 사자가 잠들어 있는 곳으로 간 허수아비와 양철 나무꾼은 어마어마한 몸무게의 사자를 수레에 싣기 시작했다.

정말 어렵게 사자를 수레에 싣자 여왕 들쥐는 들쥐들에게 빨리 출발할 것을 명령했다. 양귀비꽃밭에 너무 오래 있으면 들쥐들도 위험해지기 때문이었다.

영차영차 힘을 합해 수천 마리의 들쥐들이 수레를 끌었지만 수레는 꼼짝도 하지 않았다. 그래서 양철 나무꾼과 허수아비가 뒤에서 수레를 힘껏 밀자 마침내 수레가 굴러가기 시작했다.

이렇게 해서 사자를 풀밭까지 옮기자 도로시는 들쥐들에게 몇 번이고 고맙다고 인사를 했다.

몸에 걸었던 끈을 푼 들쥐들은 집으로 돌아갔고 마지막으로 여왕 들쥐가 도로시에게 호루라기 하나를 주면서 작별인사를 했다.

"도움이 필요하면 언제든지 이것을 불어 우리를 부르시오. 힘이 닿는 대로 도와드리리다."

"고마워!"

도로시는 강가에 앉아 허수아비가 따온 과일을 먹으며 사자가 깨어날 때까지 일행과 함께 기다렸다.

에메랄드 시의 문지기

사자는 꽤 오랜 시간이 지나서야 잠에서 깨어났다. 사자는 몸을 일으키려다가 수레에서 굴러 떨어졌지만 자신이 살아 있다는 사실에 기뻐했다.

"나는 있는 힘껏 달렸지만 꽃향기가 너무 독해 쓰러지고 말았어. 그런데 날 어떻게 끌어낸 거야?"

친구들은 들쥐를 만나게 된 일과 그 들쥐들이 사자를 구해준 일들을 들려주었다.

"작은 꽃들이 세상에서 가장 크고 힘 센 사자를 죽일 뻔했는데 작은 들쥐들이 그 사자를 구해주다니 세상일은 정말 신기해."

"이제 노란 벽돌길을 찾아야 해. 에메랄드 시를 가야 하니까."

도로시 일행은 다시 길을 떠나 얼마 뒤 노란 벽돌길을 찾아냈다. 에메랄드 시를 향해 걷는 길은 갈수록 아름다워졌다. 길가의 울타리는 모두 초록색이었고 농부들의 집도 초록색이었다.

도로시 일행이 여러 채의 집을 지나가는 동안 이따금 사람들이 신기한 듯 그들을 바라보았다. 하지만 사자가 무서운지 가까이 다가와 말을 거는 사람은 없었다. 사람들은 모두 에메랄드 빛 옷을 입고 먼치킨들처럼 뾰족한 모자를 쓰고 있었다.

"여긴 오즈의 나라가 틀림없어. 에메랄드 시도 여기서 멀리 않을 거야."

"맞아. 여긴 모두 에메랄드빛이야. 그런데 우린 오늘밤 어디에서 자?"

당장 묵을 곳이 필요한 일행 앞에 큼직한 농가가 보였다. 도로시는 현관으로 다가가 용감하게 문을 두드렸다.

문이 열리더니 아주머니 한 분이 고개를 내밀었다.

"무슨 일이지? 저 커다란 사자는 또 뭐야?"

"하룻밤만 재워주시면 안 될까요? 이 사자는 제 친구예요. 절대 사람을 해치지 않아요."

"길들여진 사자니?"

"네. 그리고 지독한 겁쟁이예요."

아주머니는 잠시 머뭇거리더니 말했다.

"그럼 안으로 들어오렴. 음식과 잠자리를 줄게."

도로시 일행이 아주머니를 따라 집 안으로 들어가자 두 아이와 아저씨 한 분이 있었다.

아주머니가 부지런히 저녁 식사를 준비하는 동안 아저씨가 여러 가지 질문을 해왔다.

"어디로 가는 거니?"

"오즈의 마법사를 만나러 에메랄드 시로 가고 있어요."

"오즈의 마법사를 만나러 간다고? 오즈의 마법사가 너희를 만나줄까?"

"그럼요. 왜 안 만나주겠어요."

"지금까지 오즈의 마법사를 만난 사람은 아무도 없어. 그분은 궁전 안에서 꼼짝도 하지 않아 하인들마저도 얼굴을 본 적이 없을 정도야."

"그래요? 어떻게 생겼을까요?"

"나도 잘 모르겠다. 위대한 마법사 오즈는 새나 코끼리, 고양이, 요정 같은 모습으로 자기 모습을 바꿀 수 있어. 그러니 마법사 오즈의 진짜 모습을 아는 사람은 아무도 없다고 해."

"정말 이상한 분이지만 저희는 꼭 만나야 해요."

"너희는 왜 오즈를 만나려고 하는데?"

아저씨의 질문에 허수아비와 양철 나무꾼, 사자가 말했다.

"나는 오즈에게 두뇌를 얻고 싶어요."

"나는 오즈에게 심장을 얻고 싶어요."

"나는 오즈에게 용기를 얻고 싶어요."

"그건 문제없을 거야. 오즈는 여러 개의 두뇌와 심장을 모아두고, 용기를 담은 항아리도 있다고 했거든."

"그럼 저도 캔자스로 보내 줄 수 있겠죠?"

"캔자스? 캔자스가 어딘데?"

아저씨가 고개를 갸웃하며 묻자 도로시는 슬픈 얼굴로 대답했다.

"저도 몰라요. 하지만 그곳은 제가 살던 곳이니까 세상 어딘가에 있을 거예요."

"위대한 마법사 오즈는 못하는 것이 없으니 너를 꼭 캔자스로 보내줄 거야. 하지만 너희가 오즈를 만날 수 있을지 정말 모르겠구나."

저녁식사 준비가 다 되자 그들은 식탁에 둘러앉았다. 도로시와 토토는 모처럼 맛있는 저녁을 먹었다. 하지만 사자는 죽을 조금 맛보더니 가축들이나 먹는 음식이라고 투덜거렸다.

도로시는 아주머니가 준비해준 침대에 토토와 누워 깊이 잠이

들었고 사자는 도로시가 편히 쉬도록 방문 앞을 지켰다. 잠을 자지 않는 허수아비와 양철 나무꾼도 방구석에 조용히 서 있었다.

다음 날 도로시 일행이 길을 나선 지 얼마 지나지 않아 아름다운 초록빛 하늘이 보였다.

"저기가 에메랄드 시인가 봐."

가까이 다가갈수록 초록빛은 더더욱 찬란해졌고 오후에 도로시 일행은 에메랄드 시를 둘러싼 높고 두꺼운 초록빛 성벽에 도착했다. 노란 벽돌길 끝에는 에메랄드로 장식된 성문이 보였다.

도로시가 성문 옆 초인종을 누르자 은방울이 울리는 소리가 들리더니 천천히 성문이 열렸다.

도로시 일행이 성문 안으로 들어가자 방이 하나 나왔다. 그 방에는 머리부터 발끝까지 초록색 옷을 입은 초록색 피부의 사람이 있었다.

“에메랄드 시에는 무슨 일로 왔나요?”

“우리는 위대한 마법사 오즈를 만나러 왔어요.”

도로시의 대답에 남자가 당황한 얼굴이 되어 의자에 앉았다.

“누군가 오즈님을 만나러 온 것은 정말 아주 오랜만이군요. 오즈님은 매우 강하고 무서운 마법사로 만약 여러분이 하찮고 어리석은 소망 때문에 왔다면 몹시 화를 내고 여러분을 그 자리에서 없애버릴 수도 있어요.”

남자의 말에 허수아비가 대답했다.

“우리는 정말 중요한 일로 왔어요. 그런데 오즈님은 좋은 마법사가 아닌가요?”

“물론 그분은 에메랄드 시를 훌륭하게 다스리고 계시지만 손님은 좀처럼 만나지 않으세요. 저는 에메랄드 시의 문지기로 여러분이 원한다면 마법사 오즈님께 안내해드리지요. 그런데 먼저 안경을 써야 해요.”

“왜 안경을 써야 하죠?”

“에메랄드 시의 모든 것이 너무 눈부시게 반짝거리고 있어 안경을 쓰지 않으면 눈이 멀어버린답니다. 그래서 이곳 사람들은 낮이나 밤이나 심지어 잠을 잘 때도 안경을 쓴답니다. 오즈님의 명령이지요."

문지기가 커다란 상자를 열자 그 안에는 초록색 유리가 끼워진 온갖 모양과 크기의 안경들이 가득 들어 있었다.

문지기는 도로시에게 맞는 안경을 골라 씌워준 후 안경에 달린 금줄 두 개를 머리 뒤로 돌리더니 금줄 끝에 달린 자물쇠를 잠근 뒤 열쇠를 자신의 목에 걸었다.

계속해서 차례대로 일행에게 안경을 씌운 뒤 자물쇠로 잠그고 그 자물쇠는 자신의 목에 건 뒤 문지기도 안경을 쓰고는 도로시 일행을 궁전으로 안내하기 시작했다.

오즈가 다스리는 에메랄드 시

초록색 안경을 썼음에도 도시의 찬란한 빛에 도로시 일행은 눈이 부셨다. 에메랄드로 수놓아진 아름다운 초록색 집들이 가득했고 길바닥도 초록색 대리석이었으며 유리창과 하늘 그리고 햇빛마저 초록색이었다.

거리를 오가는 사람들도 모두 초록색 옷에 초록색 피부였는데 그들은 도로시 일행을 이상하다는 듯 쳐다봤지만 말을 거는 사람들은 없었다.

문지기를 따라 에메랄드 시 한 가운데에 있는 큰 건물로 간 도로시 일행은 그곳에서 만난 병사의 뒤를 따라 큰 방으로 안내되었다.

그곳도 온통 초록색으로 이루어져 있었다.

"오즈님께 손님들이 오셨다고 전하겠습니다."

"오즈님을 만났나요?"

마법사 오즈에게 갔다가 온 병사에게 도로시가 물었다.

"저는 그분을 한 번도 뵌 적이 없지만 오즈님이 여러분을 만나겠다고 하십니다. 여러분은 하루에 한 분씩만 오즈님을 만날 수 있기 때문에 여러 날 이곳에 머무르셔야 합니다. 여러분이 편히 쉴 곳으로 안내하겠습니다."

병사가 호루라기를 불자 예쁜 초록색 비단 드레스를 입은 하녀가 공손히 허리를 굽히며 말했다.

"저를 따라오세요. 방으로 안내하겠습니다."

도로시는 다른 친구들과 헤어져 토토를 안은 채 하녀의 뒤를 따라갔다. 도로시가 도착한 방은 작지만 세상에서 가장 아름다운 초록색 방이었다. 그곳에 있는 모든 것들이 초록색이었다.

창가에는 초록색 꽃이 피어 있고 책꽂이에는 초록색 책들이 꽂혀 있었으며 옷장의 옷들도 모두 초록색이었다.

하녀는 도로시를 남겨두고 방을 나갔다.

다른 친구들도 모두 호화스런 방으로 안내되었지만 허수아비와 양철 나무꾼은 잠을 잘 필요가 없었다. 허수아비는 구석에 우두커니 서서 아침이 될 때를 기다렸고 양철 나무꾼은 침대에 누워 관절이 굳지 않도록 밤새도록 팔다리를 구부렸다 펴는 연습을 했다.

사자 또한 갇힌 듯한 기분이 드는 이런 방보다는 숲 속 나뭇잎 위에서 자는 편이 훨씬 좋았지만 침대에 웅크린 뒤 코를 골며 잠이 들었다.

다음날 식사가 끝나자 어제의 하녀가 도로시에게 와서 예쁜 초록색 드레스를 입혀준 뒤 토토의 목에는 초록 리본을 매 주었다.

도로시가 처음 안내 받은 곳은 오즈를 만나기 위해 화려하게 차려 입은 신사숙녀들이 가득 모인 방이었다. 사람들은 매일 오즈를 만나기 위해 그곳에 모였지만 한번도 만나지 못한 채 수다만 떨고 있었다.

도로시가 알현실로 들어가자 신기한 듯 도로시를 바라보던 사람들 중 누군가가 속삭였다.

“정말 무서운 오즈님을 만날 거야?”

“물론이죠. 저를 만나주시기만 한다면 말이에요.”

“오즈님은 처음에는 화를 내며 그냥 돌려보내라고 하셨지만 아가씨가 은구두를 신고 이마에 입맞춤 자국이 있다는 말을 들으시고 만나겠다고 하셨어요.”

어제 만났던 병사가 말하는 동안 종소리가 들렸다.

"신호가 왔어요. 알현실에는 아가씨 혼자 들어가셔야 해요."

하녀가 문을 열어주자 도로시는 주저하지 않고 들어갔다.

그곳은 크고 멋진 방으로 에메랄드가 방 가득 촘촘히 박혀 있었다. 그리고 초록색 대리석 옥좌에는 커다란 머리 하나가 놓여 있었다. 몸통도 팔과 다리도 없이 달랑 머리뿐이었는데 머리카락도 없었다.

도로시는 두려운 마음으로 그 머리를 뚫어지게 쳐다봤다.

"나는 위대하고 무서운 마법사 오즈다. 너는 누구며 무슨 일로 나를 찾아왔느냐."

"저는 도로시라는 보잘 것 없는 어린아이입니다. 도움이 필요해서 왔습니다."

"그 은구두는 어디에서 얻었느냐?"

"회오리바람에 휩쓸린 우리 집이 동쪽의 사악한 마녀 위에 떨어져 마녀가 죽자 제가 신게 되었습니다."

"네 이마의 입맞춤은 누구의 것이냐?"

"북쪽의 착한 마녀가 헤어질 때 인사한 입맞춤 자국입니다."

큰머리의 눈이 도로시를 지그시 바라보다가 다시 입을 열었다.

"넌 내게 무엇을 원하느냐?"

"저는 제 고향인 캔자스로 돌아가 앤 아주머니와 헨리 아저씨를 만나고 싶어요. 이 나라는 무척 아름답지만 두 분이 절 무척 걱정하고 계실 거예요."

"내가 왜 너를 도와야 하지? 넌 동쪽 마녀를 죽일 만큼 강한 아이다."

"그건 우연일 뿐 전 힘없는 아이예요."

"이 나라에서는 원하는 것이 있다면 그 대가를 치러야 한다. 고향으로 돌아가고 싶다면 네가 먼저 나를 위해 무언가를 해야 한다는 말이야."

"제가 무엇을 해야 하죠?"

"서쪽의 사악한 마녀를 죽여라. 넌 이미 동쪽의 마녀를 죽였고 마법이 숨겨져 있는 은구두를 신고 있지 않으냐. 이제 사악한 서쪽 마녀를 죽이고 오면 네 고향 캔자스로 보내주마. 하지만 그 전에는 안 돼."

실망한 도로시가 울음을 터뜨리자 오즈의 마법사가 도로시를 노려보았다.

“제가 그 사악한 마녀를 어떻게 죽일 수 있겠어요? 위대한 마법사 오즈님도 못 당하는 마녀를 제가 어떻게 죽일 수 있을까요?”

“내 대답은 하나다. 너는 캔자스로 돌아가고 싶다면 그 마녀를 죽여야만 한다. 이제 돌아가 네 일을 마칠 때까지는 다시는 나를 찾아오지 마라.”

마법사 오즈의 말에 절망한 도로시는 친구들에게 돌아가 슬퍼하며 말했다.

“희망이 사라졌어. 내가 서쪽의 사악한 마녀를 죽이기 전에는 집으로 돌려보내주지 않겠대. 그런데 나는 못해.”

친구들이 매우 안타까워했지만 해줄 수 있는 것이 없었다. 도로시는 자기 방으로 돌아와 침대에 누워 펑펑 울다가 잠이 들었다.

다음 날 허수아비에게 초록색 병사가 찾아왔다.

병사를 따라 알현실에 가자 에메랄드 옥좌에는 아름다운 초록색 머리에 아름다운 초록색 비단 옷을 입은 아름다운 여인이 보석 왕관을 쓰고 앉아 있었다.

"나는 위대하고 무서운 마법사 오즈다. 너는 누구며 무슨 일로 왔느냐?"

"저는 짚으로 만들어진 허수아비입니다. 저는 두뇌가 없어 제 머릿속에 두뇌를 넣어달라고 부탁하기 위해 왔습니다."

"나는 보답 없이는 은혜를 베풀지 않는다. 네가 만약 사악한 서쪽 마녀를 죽이고 온다면 두뇌를 넣어주겠다. 세상에서 가장 똑똑한 사람이 될 수 있도록 말이다."

"오즈님은 이미 도로시에게 서쪽 마녀를 죽이라고 하셨지 않나요?"

"누가 죽이든 마녀가 죽기 전까지는 소원을 들어줄 수 없다. 네가 할 일을 끝내기 전까지는 찾아오지 마라."

슬픔에 잠긴 허수아비가 친구들에게 돌아가 아름다운 여인의 모습을 한 오즈의 말을 전했다.

또 다시 하루가 지나자 초록색 병사가 양철 나무꾼을 찾아와 오즈에게 안내했다.

이번에는 초록색 옥좌에 코뿔소 머리에 눈이 다섯 개나 있고 길고 가느다란 팔다리가 각각 5개씩 달린 무시무시한 괴물이 앉아 있었다.

괴물이 으르렁거리며 말했다.

"나는 위대하고 무서운 마법사 오즈다. 너는 누구며 무슨 일로 왔느냐?"

괴물의 모습에 심장이 있었다면 무섭고 놀라서 뒤로 나자빠졌을 거란 생각을 하면서 양철 나무꾼이 말했다.

"저는 양철 나무꾼입니다. 저에게는 심장이 없어 사랑도 할 수 없습니다. 저에게 심장을 주십시오."

"심장이 갖고 싶다면 그 대가를 치러야 한다. 도로시가 사악한 서쪽 마녀를 죽일 수 있도록 도와주어라. 그럼 이 나라에서 가장 아름답고 다정한 심장을 주마."

양철 나무꾼도 슬픔에 잠겨 친구들에게 돌아왔다. 그러고는 자신이 만난 무시무시한 괴물에 대해 말해주었다.

친구들은 다양한 모습으로 바꿀 수 있는 위대한 마법사 오즈에게 감탄했다.

"나는 오즈를 만나면 괴물이거나 아름다운 여인이거나 상관없이 으르렁거리며 겁을 줘 우리의 소원을 들어주게 만들 거야. 만약 머리만 있다면 공처럼 굴릴 거야. 그러니 모두 힘을 내."

다시 날이 밝자 초록색 병사는 사자를 알현실로 안내했다.

사자가 알현실에 들어가자 옥좌에는 커다란 불덩이가 타오르고 있었다. 사자가 불덩이 곁으로 조금 다가가자 불길이 확 번지며 사자의 수염을 그을려 버렸다. 겁이 난 사자는 슬금슬금 뒷걸음쳤다.

"나는 위대하고 무서운 마법사 오즈다. 너는 누구며 무슨 일로 왔느냐?"

"저는 온갖 것을 무서워하는 겁쟁이 사자입니다. 그래서 용기를 얻어 당당한 동물의 왕이 되고 싶습니다."

"서쪽의 사악한 마녀가 죽었다는 증거를 가져오면 너에게 용기를 줄 것이다. 하지만 그 마녀가 살아 있다면 넌 겁쟁이로 남을 것이다."

사자는 무척 화가 났지만 단 한 마디도 대꾸하지 못하고 불덩이가 타오르자 방을 뛰쳐나와 기다리고 있는 친구들에게 달려갔다.

사자가 들려주는 이야기에 친구들은 모두 슬픈 얼굴이 되었다.

"이제 어떻게 하지?"

도로시의 말에 사자가 대답했다.

"우리가 할 일은 단 하나뿐이야. 윙키들이 사는 나라에 가서 사악한 마녀를 찾아 없애야 해."

"만약 죽이지 못하면?"

"나는 영영 용기를 얻지 못할 거야."

"나는 영영 두뇌를 얻을 수 없을 거야."

"나는 영영 심장을 얻을 수 없겠지."

"그리고 나는 영영 엠 아줌마와 헨리 아저씨를 만나지 못하겠지."

도로시는 울음을 터뜨렸다가 눈물을 닦고 단호하게 말했다.

"그래. 한 번 해보자."

"나도 함께 갈게. 하지만 겁이 너무 많아 마녀를 죽이는 일은 못할 거야."

"나도 함께 가겠어. 하지만 난 두뇌가 없어서 별 도움이 안 될 거야."

"나는 마녀를 해치고 싶어 하는 심장도 없지만 너희와 함께 갈게."

도로시 일행은 새로운 여행을 하기 위해 준비를 시작했다. 양철 나무꾼은 초록색 숫돌에 도끼를 날카롭게 간 뒤 모든 이음매에 기름칠을 했다. 허수아비는 몸을 새 짚으로 채웠고 도로시는 허수아비가 잘 볼 수 있도록 눈을 다시 그려주었다.

친절한 초록색 하녀는 도로시의 바구니에 먹을 것을 가득 담고 작은 방울이 달린 초록색 리본을 토토의 목에 매주었다.

사악한 마녀를 찾아서

초록색 수염의 병사가 도로시 일행을 문지기의 방으로 안내했다. 문지기는 도로시 일행이 쓰고 있던 안경을 풀어준 뒤 성문을 열어주었다.

"서쪽의 사악한 마녀에게 가려면 어느 길로 가야 해요?"

"아무도 서쪽으로 가고 싶어 하지 않기 때문에 길은 없습니다."

"그럼 마녀는 어떻게 찾죠?"

"당신들이 윙키의 나라에 들어서면 마녀가 곧바로 당신들을 잡아다가 노예로 삼을 테니 쉽게 찾을 수 있을 거예요."

"우린 그 마녀를 없애러 가는 거예요."

"지금까지 그 마녀를 없애지 못했어요. 해가 지는 쪽으로 계속 가세요. 가다 보면 마녀를 만나게 될 거예요."

도로시 일행은 문지기와 작별인사를 나눈 후 서쪽을 향해 걷기 시작했다. 그런데 에메랄드 시에서 입었던 초록색 드레스가 어느새 하얀색으로 바뀌어 있었다. 토토의 목에 매주었던 초록색 리본도 하얗게 변해 있었다.

곧 에메랄드 시는 까맣게 멀어졌고 길도 험해지고 언덕도 많아졌으며 주변의 땅은 황무지였다. 그늘을 만들어줄 나무도 없었고 밭이나 집도 전혀 보이지 않았다. 뜨거운 햇볕이 얼굴에 그대로 쏟아졌고 밤이 되기도 전에 도로시와 토토와 사자는 몹시 지쳐 풀밭에서 잠이 들어버렸다. 그리고 그들 옆에서 허수아비와 양철 나무꾼이 보초를 섰다.

서쪽의 사악한 마녀는 눈이 한 개밖에 없었다. 하지만 망원경처럼 아주 멀리까지 볼 수 있어 높은 곳에 올라가 사방을 훑어보다가 풀밭에서 잠든 도로시와 토토 그리고 사자를 발견하게 되었다.

도로시 일행은 서쪽 마녀가 사는 곳에서 아주 멀리 있었지만 서쪽 마녀는 자기 땅에 누군가 들어온 것을 알고 매우 화가 났다.

서쪽 마녀가 목에 걸고 있던 은호루라기를 불자 순식간에 매서운 눈과 날카로운 이빨을 번뜩이며 늑대들이 나타났다.

"얼른 달려가서 내 땅에서 잠자고 있는 저놈들을 갈가리 찢어 버려라."

서쪽 마녀의 명령에 대장 늑대가 부하들을 이끌고 도로시 일행에게 달려갔다.

도로시 일행 곁에서 그들을 지키고 있던 허수아비와 양철 나무꾼이 늑대들의 발소리를 듣고 경계했다.

"내가 놈들을 맡을게. 넌 내 뒤에 숨어."

양철 나무꾼이 날카롭게 갈아둔 도끼를 들며 말하는 순간 대장 늑대가 나타났다. 양철 나무꾼은 도끼로 대장 늑대의 머리를 댕강 잘라버렸다. 그리고 대장 늑대의 뒤를 따르던 다른 늑대들도 모두 처치했고 40마리째의 마지막 늑대를 죽일 때에는 양철 나무꾼 앞에 죽은 늑대들이 수북이 쌓여 있었다.

이튿날 아침잠에서 깬 도로시는 산더미처럼 쌓여 있는 늑대의 시체를 보고 깜짝 놀랐다. 양철 나무꾼이 지난밤에 있었던 일을 이야기해주었다. 그들은 아침을 먹고 다시 서쪽으로 길을 떠났다.

아침이 되어 성 높은 곳에서 자신의 땅을 둘러보던 서쪽의 사악한 마녀는 늑대들이 모두 죽고 침입자들이 여전히 자기 땅을 걷고 있는 것을 발견하게 되었다. 머리끝까지 화가 난 마녀는 은 호루라기를 두 번 불었다.

그러자 순식간에 까마귀 떼가 몰려와 하늘을 시커멓게 뒤덮었다.

마녀가 까마귀의 왕에게 명령했다.

"당장 저놈들에게 날아가 눈을 쪼아 먹고 몸뚱이를 갈가리 찢어버려라!"

도로시 일행은 수많은 까마귀 떼가 자신들을 향해 날아오자 겁에 질렸다. 그때 허수아비가 외쳤다.

"모두 내 밑에 납작 엎드려 있어. 그럼 다치지 않을 거야."

도로시와 사자와 나무꾼이 바닥에 납작 엎드리자 허수아비가 두 팔을 활짝 벌리고 섰다. 그러자 까마귀 떼들이 더 이상 다가올 엄두를 내지 못했다.

그런데 까마귀의 왕이 외쳤다.

"저건 그냥 짚으로 만든 인형일 뿐이야. 내가 저놈의 눈알을 쪼아 먹겠다."

까마귀 왕이 허수아비를 향해 날아오자 허수아비는 까마귀 왕의 목을 잡아 비틀어버렸다. 그리고 계속해서 까마귀 왕의 뒤를

따라온 다른 까마귀들도 잡아 목을 비틀었다.

허수아비가 마지막 40마리째의 까마귀 목을 비틀었을 때에는 허수아비 옆에 까마귀 시체들이 나뒹굴고 있었다.

허수아비 덕분에 위험에서 벗어난 도로시 일행은 다시 길을 나섰다. 그리고 그 모습을 본 마녀는 미친 듯이 화를 내며 은호루라기를 세 번 불었다.

그러자 요란한 소리와 함께 하늘에서 수많은 벌떼가 날아왔다.

"어서 저놈들을 독침으로 쏘아 죽여라!"

마녀의 명령을 받은 벌떼가 도로시 일행에게 쏜살같이 달려가자 허수아비가 벌떼를 발견하고 말했다.

“내 몸 속에 있는 짚을 꺼내서 도로시와 토토와 사자에게 덮어 줘.”

양철 나무꾼이 허수아비가 시킨 대로 하자 벌떼는 양철 나무꾼 외에는 아무도 발견하지 못하고 양철 나무꾼에게 덤벼들어 침을 쏘아댔다. 하지만 양철을 뚫을 수 없었고 오히려 침이 부러져 벌들은 모두 죽고 말았다.

양철 나무꾼 주위에는 죽은 벌들의 시체가 쌓였고 모든 벌들이 죽자 도로시와 사자는 일어나 짚을 다시 허수아비 몸속에 넣어주었다.

벌떼마저 죽자 마녀는 발을 구르고 빠드득빠드득 이를 갈며 화를 내다가 12명의 윙키 노예를 불렀다.

마녀는 윙키들에게 날카로운 창을 주면서 당장 도로시 일행을 쫓아가 모두 없애버리라고 명령했다.

마녀의 명령을 거역할 수 없는 윙키들이 도로시 일행에게 갔지만 사자가 으르렁거리며 덤비자 잔뜩 겁을 먹고 모두 도망쳐버렸다.

마녀는 도망친 윙크들에게 채찍질을 했다.

도로시 일행을 없애지 못한 마녀는 선반에서 루비가 촘촘히 박히고 다이아몬드 고리가 달린 황금 모자를 꺼냈다. 그 황금 모자는 날개 달린 원숭이들을 세 번 불러내 명령을 내릴 수 있는 굉장한 마력을 갖고 있었다.

사악한 마녀는 윙키들을 노예로 삼고 마법사 오즈와 싸워 그를 서쪽 나라에서 쫓아낼 때 이 황금 모자를 사용해 이제 마지막 한 번이 남은 상태였다.

그래서 아끼고 있었는데 늑대와 벌들, 까마귀와 윙키까지 모두 실패해 다른 방법이 없었다.

사악한 마녀는 황금 모자를 쓰고 왼발로 서서 주문을 외웠다.

"에페 페페 카케."

다음에는 오른발로 서서 주문을 외웠다.

"힐로 홀로 헬로."

다음에는 두 발로 서서 큰 소리로 외쳤다.

"지지 주지 지크!"

그러자 갑자기 하늘이 캄캄해지더니 우르릉거리는 소리와 함께 어디선가 크고 튼튼한 날개를 펄럭이며 원숭이들이 몰려왔다.

모자를 쓴 대장 원숭이가 말했다.

"이제 마지막 소원입니다. 무슨 명령을 내리시겠습니까?"

"내 땅에 들어온 저 놈들을 다 죽여라. 단 사자는 잡아서 끌고 오너라. 굴레를 씌워 말처럼 부려 먹을 테다."

"분부대로 따르겠습니다."

날개 달린 원숭이들은 도로시 일행에게 날아가더니 먼저 양철 나무꾼을 붙잡아 하늘로 올라가더니 뾰족한 바위에다 내던졌다.

바위에 떨어진 양철 나무꾼은 납작하게 찌그러져 정신을 잃고 말았다.

허수아비를 붙잡은 원숭이들은 허수아비의 몸속에 있는 짚들을 모조리 꺼낸 뒤 모자와 장화와 옷을 높은 나무 위에 걸쳐 놓았다.

또 다른 원숭이들은 튼튼한 올가미를 던져 사자를 잡더니 밧줄로 꽁꽁 묶은 뒤 마녀의 성으로 데려가 쇠창살로 만든 우리에 가두어버렸다.

토토를 안은 채 그 모습을 보며 도로시는 겁에 질렸다.

대장 원숭이가 이빨을 드러내며 도로시에게 다가왔다. 그런데 도로시 이마에 있는 착한 마녀의 입맞춤 자국을 발견하고 깜짝 놀라 그 자리에 멈춰 섰다.

"이 아이는 착한 힘이 보호하고 있어 감히 해칠 수가 없으니 마녀의 성으로 데려가자."

원숭이들은 조심스럽게 도로시를 품에 안고 날아가 마녀의 성 계단 위에 내려놓았다.

"분부대로 양철 나무꾼과 허수아비는 없애버렸습니다. 사자는 우리에 가두어 놓았고 이 아이는 해칠 수가 없어 데려왔습니다. 이제 세 가지 소원이 끝났으니 우린 더 이상 당신의 부하가 아닙니다. 당신의 힘은 이걸로 끝났습니다."

대장 원숭이의 말을 끝으로 원숭이들은 요란한 소리와 함께 하늘로 날아올라 순식간에 사라져버렸다.

사악한 마녀는 도로시 이마에 있는 입맞춤 자국과 도로시가 신고 있는 은구두를 보고 깜짝 놀랐다. 사악한 마녀는 은구두의 마법을 알고 있었던 것이다.

도로시가 순진한 아이라는 것을 눈치챈 마녀는 도로시도 노예로 쓰기로 했다.

"지금부터 내 말을 듣지 않으면 너도 양철 나무꾼이나 허수아비처럼 될 것이다."

마녀는 도로시를 부엌으로 데려가 솥과 냄비를 닦고 아궁이에 불을 지피라고 명령했다.

마녀가 자신도 죽일 것이라고 걱정하던 도로시는 마녀의 명령에 안심하고 열심히 일하겠다고 다짐했다.

도로시에게 일을 시킨 뒤 마녀는 사자가 갇혀 있는 우리로 갔다. 사자를 길들여 마차를 끌게 할 생각을 하며 우리의 문을 열자 사자가 으르렁거리며 덤벼들었다.

"내 말을 듣지 않으면 굶겨 죽일 테다. 고분고분해질 때까지 먹이를 주지 않을 것이다!"

그날부터 마녀는 사자에게 음식을 주지 않고 하루에 한 번씩 와서 물었다.

"이제 말처럼 굴레를 쓸 테냐?"

"천만에! 네가 이 우리 안에 들어오기만 하면 너를 당장 물어뜯어버릴 테다."

사자가 마녀의 말을 듣지 않은 것은 이유가 있었다. 밤마다 도로시가 몰래 음식을 가져다주었던 것이다. 사자가 음식을 먹으면 도로시는 사자의 갈기를 베고 누워 어떻게 성을 빠져나갈 수 있을지 궁리했다. 하지만 윙키들이 마녀의 명령에 따라 철통같이 지키고 있었기 때문에 방법이 보이지 않았다.

한편 사악한 마녀는 도로시의 은구두가 탐났다. 그래서 도로시가 은구두를 벗으면 그 순간을 이용해 빼앗을 생각으로 호시탐탐 기회를 노리고 있었다.

그런데 도로시는 잠을 잘 때와 목욕할 때 말고는 잠시도 구두를 벗지 않았다. 사악한 마녀는 밤을 무서워했기 때문에 밤에는 구두를 훔치러 도로시의 방에 갈 수 없었고 물은 더 무서워해 도로시가 목욕할 때도 곁에 다가갈 수 없었다.

어느 날 사악한 마녀는 부엌 바닥에 쇳덩어리를 놓고 그 쇳덩어리가 보이지 않도록 마법을 걸었다. 그런 줄도 모르고 부엌을 지나가던 도로시는 쇳덩이에 걸려 넘어지면서 은구두 한 짝이 벗겨지고 말았다.

마녀는 재빨리 벗겨진 은구두를 낚아채 앙상한 자신의 발에 신었다.

"제 구두를 돌려주세요."

화가 난 도로시가 소리치자 마녀가 한껏 비웃으며 말했다.

"안 돼. 이 구두는 이제 내 거야. 나머지 한 짝도 곧 빼앗고 말테니 두고 봐."

마녀에게 화가 난 도로시는 옆에 있던 물통을 들어 마녀에게 쏟아버렸다.

졸지에 물을 뒤집어쓴 마녀는 겁에 질려 비명을 질렀고 마녀의 몸은 점점 쪼그라들면서 녹아 사라져갔다.

"도대체 무슨 짓을 한 거야. 아…… 이제 나는 녹아 없어지는구나……."

마녀가 울부짖으며 말했다.

"이게 대체 어떻게 된 일이지?"

도로시는 설탕처럼 물에 녹아서 사라지는 마녀를 보고 깜짝 놀랐다.

“내 몸은 물에 닿으면 끝장이야. 이제 이 성의 주인은 너다. 평생 나쁜 짓을 해왔지만 너 같은 꼬마에게 당할 줄은 꿈에도 몰랐어. 이제 난 녹아서 사라진다!”

흐물흐물 녹아서 서서히 부엌 바닥으로 퍼져나가는 마녀의 몸에 도로시는 물 한 통을 더 부어 완전히 사라지게 한 후 찌꺼기를 모두 모아 문 밖으로 버렸다. 그런 뒤 사악한 마녀가 빼어 신었던 은구두를 깨끗하게 씻어 마른 헝겊으로 닦은 후 다시 신었다.

사자 우리로 달려간 도로시는 사자에게 마녀가 죽은 것을 알렸다.

고대로부터 여행자들의 길잡이가 되어 준

북극성

도로시와 친구들은 서쪽 마녀를 없애기 위해 길을 떠난다. 에메랄드 시의 문지기는 도로시 일행에게 해가 지는 쪽을 향해 가면 길을 잃지 않을 거라고 알려준다.

그렇게 다시 긴 여행을 떠난 도로시 일행은 서쪽 마녀를 죽이고 에메랄드 시로 돌아가려 하지만, 그만 방향을 잃고 만다.

그저 동쪽을 향해 가야 한다는 것만 알고 있었

던 도로시와 친구들은 태양이 떠오르는 아침에는 쉽게 방향을 찾아 걸어갈 수 있었다.

그러나 해가 중천에 떠오른 낮에는 방향을 종 잡을 수 없어 들판을 헤매게 된다.

도로시 일행은 밤에는 지쳐 잠이 들었고 다음 날 아침, 다시 해가 뜨기만을 기다린다.

만약 도로시 일행에게 나침반이 있었다면 얼마나 좋았을까? 나침반이 없더라도 별을 보고 방위를 읽을 수만 있었어도 길을 헤매지 않고 쉽게 에메랄드 시에 도착했을 텐데 말이다.

북극성polaris

일반적으로 사람들에게 '북극성을 찾아보라' 고개를 들어 밤하늘의 한가운데를 가리킨다. 그리고 가장 밝은 별을 찾으려고 노력한다.

하지만 생각처럼 북극성을 단번에 찾아내기가 어렵다.

북극성은 막연히 가장 밝고 움직이지 않는 별이라 밤하늘 정중앙에 떠 있을 거라는 생각 때문이다.

그러나 북극성은 우리의 생각처럼 가장 밝지도 않으며 하늘의 정중앙에 있는 것도 아니다. 나침반이 발달하지 않았던 고대로부터 뱃사람들과 사막을 횡단했던 상인들은 하늘의 별을 보고 방향을 찾았다. 이때 방향의 중심이 되는 별이 북극성이었다.

북극성.

북극성은 지구의 자전축의 북쪽 방향과 같은 곳에 위치한 별로 북쪽을 가리키고 있기 때문에 방향을 찾는데 기준이 될 수 있다.

재미있는 것은 2000년 전에 살고 있었던 뱃사

람들의 길잡이가 되었던 북극성은 현재 우리가 보고 있는 북극성이 아니다.

이런 현상은 지구의 세차운동 때문이다. 스스로 자전하는 지구는 세차운동precession motion을 한다. 세차운동은 회전하는 물체의 회전축이 도는 현상이다.

지구의 회전축도 일정한 시간이 지나면 방향이 바뀌게 된다. 지구의 회전축은 약 25,770년 주기로 바뀐다. 지금으로부터 약 2000년 전에는 지구의 자전축의 북쪽 방향이 용자리의 알파별(별무리 중 가장 밝은 별) 투반Thuban과 일치했다. 이 당시 지구의 북극성은 투반이었다. 투반의 밝기는 약 4등급으로 고대에는 북극성을 찾아내기가 더 힘들었을 것이다.

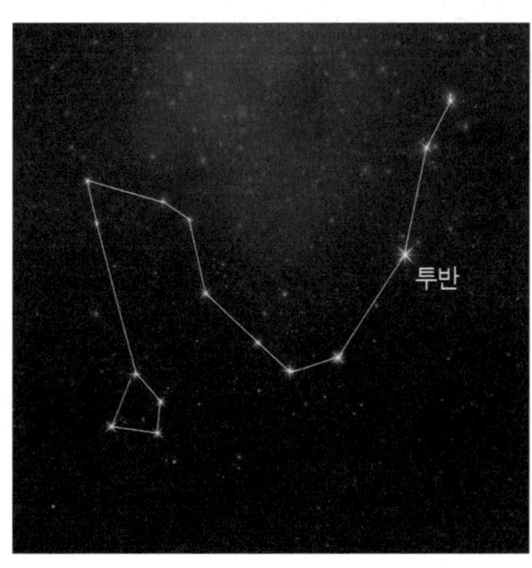

용자리.

현재의 북극성은 작은곰자리의 알파별 폴라리스polaris다.

폴라리스는 5세기부터 지구의 북극성이 되었다. 5세기 무렵, 폴라리스는 천구의 북쪽으로부터 약 8° 떨어져 있었다. 현재 폴라리스는 천구의 북쪽으로부터 약 0.7도의 차이를 보이고 있으며 AD 2100년경에는 거의 정북 방향에 위치하게 된다.

AD 2100년이 지나면 폴라리스의 위치가 천구의 북쪽에서 멀어지며 AD 6800년경까지 세페우스자리의 감마와 요타를 지나 AD 14000년쯤에 거문고자리 알파별 베가에게 북극성 자리를 넘겨

주게 될 것이다.

북극성 찾는 법

다시 북극성을 찾아보자. 북극성은 일 년 내내 우리 머리 위에 떠 있다. 앞에서 언급한 것처럼, 무작정 하늘을 올려본다고 북극성이 짠하고 나타날 거라고 기대는 하지 않는 게 좋다. 2등급인 폴라리스를 찾기 위해서는 주변의 밝은 별을 이용하는 것이 좋다.

그 대표적인 별자리가 북두칠성과 카시오페이아다.

북극성을 찾는 방법은 다음과 같다.

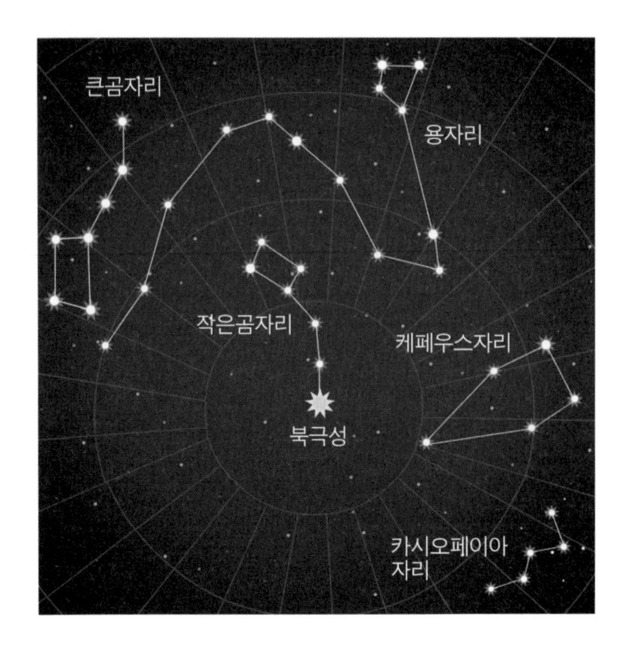

★ 봄 · 여름

① 먼저, 국자 모양의 북두칠성을 찾는다. 북두칠성의 7개 별의 밝기는 1, 2등급으로 상당히 밝아 찾기가 더 쉽다.

② 국자 모양을 한 북두칠성의 국자 부분에서 2번째 위치한 베타별(별자리 중 두 번째 밝은 별) 메라크를 찾는다.

③ 국자의 2번 별 메라크에서 1번 알파별 두베 Dubhe 방향으로 5칸 이동한다. 이때 한 칸의 길

이는 두베와 메라크 별의 간격과 같다.

④ 5칸 이동한 거리에 위치한 별이 북극성 '폴라리스'다.

★가을 · 겨울

① 가을에는 북두칠성이 초저녁에 서쪽으로 기운다. 이때는 동쪽에서 떠오르는 W모양의 카시오페이아자리를 찾는 게 빠르다.

② 카시오페이아자리의 W 모양에 1－5번까지 방향 상관없이 순서대로 번호를 매긴다.

③ W모양의 뾰족한 부분이 2번과 4번이 되고 가운데 별이 3번이 된다.

④ 2번과 4번 별에서 임의 연장선을 그린다.

⑤ 연장선이 만나는 지점과 가운데 3번 별과의 거리만큼 5칸 이동한다. 이때 방향은 3번 별 방향이다. 5칸 이동한 지점에 별 하나와 마주친다. 이것이 북극성이다.

북두칠성과 카시오페이아는 오랜 옛날부터 길잡이가 된 별이었다. 이 두 별자리를 기준으로 북극성을 찾을 수 있었다.

북극성이 가리키는 방향은 북쪽이고 위치가 거의 변하지 않기 때문에 기준점이 되어 방향을 알 수 있었다.

북극성을 찾았다면, 이제 방향을 알아보자. 북극성을 바라보고 양팔을 벌려보자. 오른손이 가리키는 방향이 동쪽이 되며 왼손은 서쪽이 된다. 그리고 등 뒤가 남쪽이 되는 것이다.

그런데 이것은 어디까지나 북반구의 이야기다.

남반구에서는 북극성이 보이지 않는다. 남극성 또한 북극성처럼 세차운동에 의해 변하는데 현재 천구의 남쪽에 위치한 남극성은 찾아보기 힘들다.

남반구의 남극성에 가장 가까운 위치에 있는 별은 팔분의자리[Octans] 시그마별[Sigma Octantis]이다.

하지만 이 별의 등급은 5.45로 밝기가 너무나 약해 잘 보이지 않으며 실제 항해에는 이용되지 않는다. 오히려 남십자자리[Crux]의 남십자성이 더 밝아 가상의 남극성을 찾아주는 역할을 하고 있다.

남십자성은 남반구에서 1년 내내 볼 수 있으며 십자가 모양을 하고 있어 방향을 찾기 쉽다.

남십자성은 북쪽의 감마별(1.6) 가크룩스, 북서쪽의 델타별(2.8) 이마이, 남동쪽의 베타별(1.2) 베크룩스, 남쪽의 알파별 아크룩스(0,8)인 4개의 별

남십자자리.

로 이루어져 있다.

북쪽의 가크룩스와 남쪽의 아크룩스를 잇는 직선을 그으면 그 방향이 천구의 남쪽을 가리킨다. 이것으로 남극성을 대신하여 방향을 찾는 데 사용해왔다.

그렇다면 남반구에서는 방향을 어떻게 찾아야 할까? 남반구는 북반구와 반대가 된다. 남십자성의 알파별 방향이 가리키는 가상의 남극성을 향해 섰다고 가정해보자. 남극성을 보고 양팔을 펼치면 북반구와는 반대로 왼손이 동쪽 오른손이 서쪽 등 뒤는 북쪽이 된다.

도로시, 친구들을 구출하다

사악한 마녀가 녹아버렸다는 소식을 들은 사자는 매우 기뻐했다. 도로시는 사자와 함께 윙키들을 불러 모아 그들은 더 이상 노예가 아님을 선언했다.

오랜 세월 사악한 마녀에게 온갖 학대를 받아온 윙키들은 환호하며 자유로운 몸이 된 것을 축하했다.

그 모습을 보던 사자가 슬픈 목소리로 말했다.

"허수아비와 양철 나무꾼이 함께 있다면 정말 행복할 텐데……."

"허수아비와 양철 나무꾼을 구할 수 있는 방법이 없을까? 윙키들이 도와줄 수 있지 않을까?"

도로시와 사자가 윙키들에게 도움을 청하자 윙키들은 도로시를 위해서라면 무엇이든 하겠다고 했다.

도로시와 사자는 허수아비와 양철 나무꾼을 찾아 똑똑한 윙키들 몇 명과 함께 길을 나섰다.

하루 반나절이 걸려서야 그들은 양철 나무꾼이 망가져 있는 바위에 도착했다. 찌그러진 양철 나무꾼의 곁에는 녹슬고 자루가 부러진 도끼가 있었다.

윙키들은 조심스럽게 양철 나무꾼을 안아 성으로 데려왔다. 망가져버린 양철 나무꾼을 보며 도로시와 사자는 눈물을 흘렸다.

"여러분 중 대장장이나 땜장이가 있나요?"

"그럼요. 아주 뛰어난 땜장이가 몇 명 있답니다."

"그럼 그분들을 불러주세요."

곧 연장 자루를 가지고 땜장이들이 왔다.

"찌그러진 곳은 펴고 구멍 난 곳은 땜질해주세요."

땜장이들은 양철 나무꾼을 꼼

꼼히 살핀 후 사흘 밤낮을 일해 양철 나무꾼의 본래 모습을 되찾아주었다. 몇 군데 땜질 자국이 남기는 했지만 연결 부분도 부드럽게 잘 움직이고 썩 훌륭하게 고쳐졌다.

양철 나무꾼이 너무 기뻐 눈물을 흘리자 도로시는 나무꾼의 턱이 녹슬지 않도록 앞치마로 눈물을 닦아주었다. 사자도 꼬리 끝으로 눈을 문지르고 있었다.

"허수아비도 구하면 행복할 텐데……."

"허수아비를 구하러 가자."

양철 나무꾼이 말했다.

그들은 이번에도 하루 반나절을 걸어 날개 달린 원숭이들이 허수아비의 옷 등을 걸어둔 나무에 다다랐다. 하지만 나무가 너무 크고 줄기가 매끄러워 아무도 기어오를 수가 없었다.

"내가 나무를 벨게. 그럼 허수아비의 옷을 찾을 수 있을 거야."

양철 나무꾼이 나무를 향해 윙키 대장장이들이 깨끗하게 손질해준 도끼를 힘차게 휘두르자 요란한 소리를 내며 나무가 쓰러졌다. 도로시는 허수아비의 옷과 모자와 장화를 찾아 윙키들과 성으로 돌아왔다.

윙키들이 허수아비의 옷에 깨끗한 밀짚을 채워 넣고 튼튼한 실로 꿰매자 제 모습을 되찾은 허수아비가 친구들에게 몇 번이고 고맙다는 인사를 했다.

마침내 다시 만난 도로시와 친구들은 성에게 행복하게 며칠을 보내다가 다시 에메랄드 시로 돌아가기로 했다.

“오즈에게 가서 약속을 지키라고 해야겠어!”

도로시와 일행은 정이 든 윙키들과 작별인사를 했다. 윙키들은 도로시 일행이 떠나는 것을 매우 아쉬워하며 양철 나무꾼만이라도 남아서 자신들을 다스려달라고 부탁했다. 그러자 나무꾼은 기회가 된다면 다시 돌아오겠다고 약속했다.

에메랄드 시로 돌아가는 동안 먹을 음식을 바구니에 챙기던 도로시는 찬장 위에서 황금 모자를 발견했다. 모자를 써보니 도로시의 머리에 딱 맞았다. 황금 모자가 어떤 마법을 부릴 수 있는지 몰랐지만 도로시는 예쁜 모자가 마음에 들어 그대로 가져가기로 했다.

드디어 도로시 일행은 에메랄드 시를 향해 길을 떠났다.

날개 달린 원숭이들

다시 에메랄드 시로 돌아가기 위해 길을 나선 도로시 일행은 길을 잃고 말았다.

마녀가 보낸 날개 달린 원숭이가 도로시 일행을 마녀의 성으로 데려왔기 때문에 쉽게 올 수 있었지만 돌아가려고 보니 아예 길이 없었다.

도로시 일행은 낮에는 쉬지 않고 걷다가 밤이 되면 향기로운 꽃들 사이에 누워 잠이 들었다. 그럴 때마다 언제나 허수아비와 양철 나무꾼이 보초를 섰다.

이틀째 되는 날은 하늘이 흐려서 해를 볼 수 없었지만 도로시 일행은 무조건 걸었다.

"이렇게 계속 걷다 보면 어딘가에는 도착할 거야."

하지만 며칠이 지나도 노란 들판이 계속될 뿐 아무것도 보이지 않았다. 결국 지쳐버린 도로시가 풀밭에 털썩 주저앉았다.

토도도 지쳐서 혀를 내밀고 헐떡거리고 있었다.

"아, 들쥐를 부르자. 들쥐라면 에메랄드 시로 가는 길을 알고 있을 거야."

도로시는 여왕 들쥐에게 받은 작은 호루라기를 힘껏 불었다. 그러자 곧 여왕 들쥐를 따라 수많은 들쥐가 몰려들었다.

"그대들을 위해 무엇을 하면 되겠소?"

"우리에게 에메랄드 시로 가는 길을 가르쳐줄 수 있어?"

"물론이오. 그런데 그대들은 지금까지 에메랄드 시로 가는 길과 반대방향으로 걷고 있었소."

들쥐 여왕은 이야기를 하다가 도로시가 쓰고 있는 황금 모자를 발견했다.

"그 황금 모자의 마력을 이용해 날개 달린 원숭이들을 부르시오. 그들이 그대들을 에메랄드 시로 한 시간 안에 데려다 줄 거요."

"난 황금 모자의 마법을 전혀 몰랐지 뭐

야. 그런데 어떤 마법 주문을 외워야 해?"

"모자 안쪽에 주문이 적혀 있소. 그런데 우린 날개 달린 원숭이가 오기 전에 달아나야 하오. 그들은 짓궂어 우리를 괴롭히려고 할 거요."

"아 그럼 그 원숭이들이 우리를 괴롭히려고 하면 어쩌지?"

"원숭이들은 황금 모자의 주인에게 반드시 복종해야 하기 때문에 그럴 일은 없소. 그럼 조심히 가시오."

작별 인사를 마친 여왕 들쥐가 다른 들쥐들과 떠나자 도로시는 여왕 들쥐가 알려준 대로 모자 안쪽의 주문을 외쳤다.

그러자 소란스러운 날갯짓 소리와 함께 날개 달린 원숭이 떼가 순식간에 나타났다.

"무슨 명령을 내리시겠습니까?"

대장 원숭이가 도로시에게 허리를 숙이며 말했다.

"우리를 에메랄드 시로 데려다줘."

"분부대로 하겠습니다."

대장 원숭이의 대답과 동시에 두 마리의 원숭이가 손가마에 도로시와 토토을 태우더니 하늘로 날아올랐다. 다른 원숭이들도 힘을 합해 허수아비와 양철 나무꾼 그리고 사자를 들어올려 하늘을 날았다.

사악한 마녀의 명령으로 날개 달린 원숭이에게 봉변을 당했던 허수아비와 양철 나무꾼은 겁을 냈지만 곧 아름다운 풍경을 감상하며 유쾌하게 비행을 즐겼다.

"너희는 왜 황금 모자의 주인에게 복종하는 거야?"

손가마 위에서 편하게 하늘을 날던 도로시가 원숭이에게 물었다.

"사연이 너무 길지만 먼 길을 가는 동안 듣고 싶다면 들려드리지요."

대장 원숭이가 말을 시작했다.

"우리도 오즈가 이 나라를 다스리기 전까지는 자유로운 원숭이였습니다. 북쪽 나라에는 아름다운 마법사 공주님이 살았어요. 착한 공주님은 사람들을 돕기 위해서만 마법을 사용했어요. 가옐레트란 이름을 가진 공주님은 루비로 만든 멋진 왕궁에서 살며 모두에게 사랑받았어요. 그런데 공주님은 웬만한 남자들보다 더 현명하고 아름다웠기 때문에 사랑할 만한 남자를 만나지 못해 몹시 슬퍼했어요.

그러던 어느 날 드디어 공주님이 잘생기고 남자답고 지혜로운 소년을 찾아내 소년이 훌륭한 어른이 되면 결혼할 마음으로 소년을 루비 궁전으로 데리고 갔어요. 켈랄라라는 이름을 가진 소년은 나라에서 가장 훌륭한 남자로 자랐고 공주님은 켈랄라를 진심으로 사랑했어요.

당시 날개 달린 원숭이들의 대장이었던 우리 할아버지는 루비 궁전 가까이에서 살았는데 멋진 식사보다도 장난을 더 좋아하는 노인이었어요.

가엘레트 공주님의 결혼식이 열리기 직전 할아버지는 하늘을 날아다니다가 켈랄라가 멋진 옷을 입고 강가에 서 있는 것을 발견했어요. 장난기가 발동한 할아버지는 부하들에게 켈랄라를 강 한복판에 떨어뜨릴 것을 명령했답니다. 그리고는 외쳤어요.

'헤엄쳐서 나와봐. 네 멋진 옷에 얼룩이 생기는지 한 번 보자."

재주가 많았던 켈랄라는 헤엄도 잘 쳐서 깔깔 웃으면서 강 밖으로 나왔지만 공주님은 켈랄라가 엉망이 된 것을 보고 화가 났어요. 그래서 날개 달린 원숭이들에게 날개를 꽁꽁 묶어서 물에 빠뜨리겠다고 했어요. 깜짝 놀란 할아버지가 용서를 빌었어요. 켈랄라도 원숭이들을 용서해주라고 거들었어요. 그러자 가엘레트 공주는 황금 모자의 주인에게 날개 달린 원숭이들은 무조건 세 번 복종해야 한다는 조건을 걸었어요. 그런 뒤 켈랄라에게 결혼 선물로 이 모자를 주었어요. 켈랄라는 우리에게 공주님 눈

에 띄지 않도록 멀리 떠나라는 명령을 첫 번째 명령으로 내렸어요. 그것이 유일한 명령이기도 했어요, 우린 기꺼이 명령을 따랐지요.

그런데 모자가 서쪽의 사악한 마녀의 손에 들어가 사악한 마녀는 우리를 이용해 윙키들을 노예로 삼고 오즈를 서쪽 나라에서 내쫓았어요. 그리고 지금은 아가씨가 황금 모자의 새 주인이므로 우리에게 세 번의 명령을 내릴 수 있답니다."

원숭이의 이야기가 끝나갈 무렵 발 밑으로 에메랄스 시의 반짝이는 초록색 성벽이 보였다.

날개 달린 원숭이들은 도로시 일행을 성문 앞에 조심스럽게 내려놓은 뒤 공손히 인사하고 순식간에 날아가버렸다.

"정말 멋진 여행이었어!"

도로시의 말에 사자가 대답했다.

"네가 그 놀라운 모자를 가져와 천만다행이야."

공포의 마법사 오즈의 정체

도로시 일행이 성문 앞으로 가 종을 울리자 문지기가 나타나더니 깜짝 놀란 얼굴이 되었다.

"여러분은 서쪽 마녀를 찾아간 줄 알았는데 다시 돌아온 것인가요?"

"물론 그랬지요."

"서쪽 마녀가 여러분을 보내준 건가요?"

"도로시가 마녀를 녹여버렸어요."

"그것 참 기쁜 소식이군요. 정말 감사합니다."

문지기가 도로시에게 깊숙이 허리를 숙이며 인사했다. 그러고는 지난번처럼 각자에게 맞는 안경을 씌워주었다.

문지기는 큰 소리로 도로시가 서쪽 마녀를 해치운 것을 사람들에게 알렸다. 많은 사람들이 기뻐하며 도로시 일행을 따라 오즈의 궁전으로 몰려갔다.

이번에도 초록색 수염의 병사가 도로시 일행을 맞이해 오즈가 부를 때까지 편히 쉴 수 있도록 각자 묵었던 방으로 안내했다.

하지만 며칠이 지나도 오즈는 그들에게 아무런 연락도 하지 않았다. 당장 오즈가 만나줄 거라고 믿었던 도로시 일행은 점점 화가 나기 시작했다. 서쪽 나라에서 노예생활까지 하며 온갖 고초를 당한 자신들에게 이런 홀대를 할 줄은 몰랐기 때문이다.

참다못한 허수아비가 초록색 하녀에게 마법사 오즈가 당장 약속을 지키지 않는다면 날개 달린 원숭이들에게 도움을 청할 거라고 오즈에

게 전하도록 했다.

그러자 오즈는 이튿날 아침 알현실로 오라고 답했다. 예전에 날개 달린 원숭이들에게 쫓겨난 적이 있던 오즈는 원숭이들을 다시 만나고 싶지 않았던 것이다.

날이 밝자 도로시 일행은 모두 함께 알현실로 갔다. 그런데 어디에도 오즈는 없었다.

소름끼치는 싸늘한 기운이 느껴지는 가운데 엄숙한 목소리가 들려왔다.

"나는 위대하고 무서운 마법사 오즈다. 무슨 일로 나를 왔느냐?"

구석구석 방을 살펴본 도로시가 물었다.

"어디에 계세요, 오즈님?"

"나는 눈에 보이지 않을 뿐 어디에나 있다. 이제 내 옥좌에 앉겠다."

텅 빈 옥좌에서 목소리가 들여오자 도로시 일행은 옥좌 앞에 한 줄로 늘어섰다.

"저희에게 한 약속을 지켜주세요."

"약속이라니, 무슨 약속 말이냐?"

"사악한 서쪽 마녀를 죽이고 오면 캔자스로 돌려보내준다고 하셨잖아요."

"저에게는 심장을 주겠다고 약속하셨습니다."

"저에게는 두뇌를 주겠다고 하셨지요."

"저에게는 용기를 주겠다고 하셨어요."

그들의 말에 오즈가 떨리는 목소리로 물었다.

"정말 그 사악한 마녀를 없애버렸다고?"

"네. 제가 물을 부어서 마녀를 녹여버렸어요."

"이런, 기가 막히는군. 일단 내일 다시 오너라. 생각을 좀 해야겠다."

마법사 오즈의 말에 도로시가 소리쳤다.

"오즈님은 우리에게 한 약속을 지켜야 해요!"

사자가 오즈를 향해 으르렁거리기 시작하자 깜짝 놀란 토토가 뒤로 내달리다가 한쪽에 세워 놓은 병풍을 쓰러뜨리고 말았다. 그러자 그쪽을 바라본 일행은 소스라치게 놀랐다.

병풍 뒤에 대머리에 주름이 많은 키 작은 노인이 서 있었던 것이다.

"당신은 누구요?"

양철 나무꾼이 도끼를 치켜들고 노인에게 달려가며 소리쳤다.

"나는 위대하고 무서운 마법사 오즈다. 제발 때리지 말아다오. 너희가 원하는 것을 모두 들어줄 테니……."

떨리는 목소리로 다급하게 외치는 노인의 말에 도로시 일행은 벌어진 입을 다물지 못했다.

도저히 믿을 수 없는 말이었다.

"지난번에는 커다란 머리 모양이었어."

"나는 아름다운 여인인 줄만 알았어."

"나는 무시무시한 짐승을 보았단 말이야."

"나는 시뻘건 불덩어리를 보았어."

"그건 그렇게 보이도록 내가 꾸민 것이다."

"그럼 마법사가 아니란 말이에요?"

"아니란다. 난 그저 평범한 사람일 뿐이야."

"그럼 평범한 사람이 아니라 사기꾼인 거잖아."

허수아비의 말에 노인은 두 손을 모아 싹싹 빌며 말했다.

"맞아. 난 사기꾼이야."

노인의 말에 모두 실망한 얼굴이 되었다.

"그럼 내 심장은 어떻게 얻어야 하지?"

"용기는 어떻게 얻어야 해?"

"내 두뇌는……."

"제발 그 따위 문제로 시끄럽게 좀 하지 마. 내 정체가 탄로 난 이 끔찍한 마당에……."

오즈가 소리치자 도로시가 물었다.

"다른 사람들은 당신이 사기꾼이라는 걸 모르나요?"

"나와 너희들 외에는 아무도 몰라. 오랫동안 사람들을 깜쪽같이 속여 와서 신하들조차도 내 모습을 본 적이 없어."

"그럼 저에게 어떻게 커다란 머리 모양을 보여줄 수 있었어요?"

"그것은 속임수 중 하나란다. 이쪽으로 오면 모든 것을 보여주마."

도로시 일행은 오즈를 따라 알현실 뒤의 작은 방으로 들어갔다. 그곳에는 도로시가 본 거대한 머리 모양의 인형이 있었다.

"이걸 철사로 천장에 매달아 놓은 뒤 병풍 뒤에서 줄을 당기면 눈과 입이 움직인단다."

"그럼 목소리는요?"

"나는 복화술을 할 수 있어. 어디든 내가 원하는 곳에서 목소리를 낼 수 있어서 너희가 착각을 한 거란다. 너희들이 본 것들은 여기 있단다."

오즈는 아름다운 여인으로 변장했을 때 입었던 옷과 가면을 보여주었고 양

철 나무꾼이 본 괴물은 널빤지에 털가죽을 꿰매 붙인 것이었으며 사자가 본 불덩어리는 기름에 적신 솜뭉치를 철사로 매달아 불을 붙인 것이었다.

"이런 속임수를 쓰다니 정말 부끄러운 줄 알아야 해요."

허수아비의 말에 오즈는 슬픈 얼굴로 대답했다.

"정말 부끄러운 일이지만 어쩔 수 없었단다. 지금부터 내 이야기를 해줄 테니 그 의자에 앉으렴."

도로시와 친구들은 오즈의 이야기에 귀를 기울였다.

"나는 오마하라는 곳에서 태어났단다."

"어머? 오마하는 캔자스에서 멀지 않은 곳에 있어요."

도로시가 외치자 오즈는 몹시 괴롭고 슬픈 얼굴로 고개를 끄덕였다.

"그렇지. 하지만 그곳은 이곳에서는 아주 먼 곳에 있어. 나는 젊었을 때 복화술을 배웠어. 훌륭한 스승을 만나 어떤 새나 짐승의 소리도 흉내낼 수 있는 뛰어난 복화술사가 되었지."

오즈가 시험삼아 고양이 소리를 내자 토토는 고양이를 찾으려고 두리번거렸다.

"하지만 그 일에 실증을 느낀 나는 기구를 타는 사람이 되었어. 서커스가 열리는 날 큰 풍선을 타고 하늘로 올라가 많은 사람들이 서커스를 보러 오도록 광고를 하는 일이었지."

"아 그게 뭔지 알아요."

"그러던 어느 날 기구를 타고 하늘로 올라갔다가 밧줄이 끊어지는 바람에 나는 그대로 멀리 날아갔어. 하루 낮과 하루 밤을 꼬박 지난 뒤 눈을 떠보니 기구가 사뿐히 땅에 내려앉고 있었고 이상하게 생긴 사람들이 몰려들었어. 그 사람들은 하늘에서 내려온 날 위대한 마법사로 생각했지. 그래서 내가 원하는 것은 뭐든지 하겠다고 해 도시와 궁궐을 짓게 했어. 그런 뒤 이 아름답고 푸른 도시에 에메랄드라는 이름을 붙이고 이곳에 들어오는 모든 사람에게 초록색 안경을 쓰게 했어. 모든 것이 초록색으로 보이도록 하기 위해서지."

"그럼 이 도시의 모든 것이 초록색인 것은 아니란 말이에요?"

"그래. 나른 도시와 크게 다를 바가 없어. 초록색 안경을 썼기 때문에 모든 것이 초록색으로 보이는 것뿐이야. 젊은 시절 기구를 타고 온 내가 이렇게 늙은이가 되었을 정도로 에메랄드 시는 역사가 오래 되었단다. 이 나라 백성들은 언제나 초록색 안경을 쓰고 살았기 때문에 이 도시가 정말로 에메랄드로 만들어졌다고 믿게 되었어. 하지만 사실 이곳은 보석과 귀금속이 풍부해 사람들을 행복하게 하는 자원이 많은 곳이야. 난 도시를 잘 다스렸고 사람들은 날 좋아해. 그런데 난 진짜 마녀들이 무서웠어. 나는 마법을 쓸 줄 몰랐지만 그들은 마법을 부릴 줄 알았거든.

동서남북을 네 명의 마녀가 각각 다스렸는데 그중 북쪽과 남쪽 마녀는 착한 마녀라서 날 해칠 염려가 없었지만 동쪽과 서쪽 마녀는 심술 많은 나쁜 마녀였어. 그래서 그들은 내가 마법사가 아니란 것을 알았다면 틀림없이 나를 죽였을 거야.

캔자스에서 날아온 너희 집에 동쪽 마녀가 깔려 죽었다는 소식을 들었을 때 내가 얼마나 기뻤는지 모른단다. 하지만 서쪽 마녀가 남아 있어서 너희들에게 서쪽 마녀를 없애고 돌아온다면 소원을 들어주겠다고 약속한 거야.

그런데 막상 너희가 서쪽 마녀를 없애고 돌아왔을 때 난 약속을 지킬 수 없다는 말을 하려니 너무 부끄럽기 짝이 없었어."

"당신은 아주 나쁜 사람이군요."

도로시의 말에 오즈가 대답했다.

"오 얘야. 난 좋은 사람이란다. 다만 속임수를 썼다는 것만 빼면 말이다."

"그럼 나에게 두뇌를 줄 수 없나요?"

"너한테는 두뇌가 필요 없어. 넌 날마다 새로운 것을 배우고 있거든. 간난아기는 두뇌를 가지고 있지만 지식이 없지. 지식은 경험에서 나오는 것인데 네가 오래 살면 살수록 더 많은 경험을 하게 될 거야."

"그 말이 맞을지도 모르지만 당신이 나에게 두뇌를 주지 않는다면 난 언제까지나 불행할 거예요."

허수아비의 말에 가짜 마법사 오즈는 허수아비를 찬찬히 살펴보다가 한숨을 내쉬었다.

"알다시피 나는 대단한 마법사는 아니지만 내일 아침에 다시 오면 너의 머릿속에 뇌를 넣어줄게. 하지만 그 두뇌를 어떻게 쓸지는 네가 스스로 알아내야 해."

"뇌를 사용하는 방법은 제가 스스로 알아내겠습니다. 정말 고맙습니다."

허수아비가 기뻐하며 말하자 사자가 걱정스럽게 물었다.

"그럼 제 용기는 어떻게 되나요?"

"너는 이미 굉장한 용기를 지니고 있어. 다만 자신감이 없을 뿐이야. 위험 앞에서 두려움을 느끼지 않는 동물은 없어. 그 두려움을 이겨내고 맞서는 것이 진정한 용기지. 그런 용기를 너는 이미 충분히 가지고 있어."

"그럴지도 모르지만 나는 여전히 겁이 나요. 그래서 당신이 용기를 주지 않는 한 나는 영원히 불행할 거예요."

"좋아. 그럼 너에게도 내일 용기를 주마."

"내 심장은요?"

이들의 대화를 듣던 양철 나무꾼이 말했다.

"심장? 심장은 사람들 대부분을 속상하게 만드는데 왜 그런 게 필요하지? 네가 그걸 깨닫는다면 심장이 없는 것을 오히려 다행으로 여길 거야."

"당신이 심장을 준다면 나는 어떤 불행도 불평 없이 견딜 수 있을 거예요."

"알았다. 내일 찾아오면 너에게 심장을 주마."

"저는 캔자스로 어떻게 돌아가죠?"

"그건 좀 더 생각해보자. 2~3일 정도 시간을 주면 사막 건너편으로 널 데려갈 수 있는 방법을 궁리해보마. 그동안 너희는 내 손님으로 궁에서 지내도록 하거라. 대신 내가 마법사가 아니라는 비밀을 반드시 지켜다오."

오즈의 말에 도로시와 친구들은 오즈의 비밀을 꼭 지키겠다고 굳게 약속한 후 들뜬 마음으로 각자의 방으로 돌아갔다. 도로시 역시 이 위대한 사기꾼이 자신을 고향으로 돌려보내 줄 수 있을 것이며 그렇게만 된다면 기꺼이 오즈를 용서할 생각이었다.

위대한 사기꾼의 마술

이튿날 도로시 일행이 모두 모였다.

"모두들 축하해줘. 오늘 마침내 오즈에게 두뇌를 받게 되는 날이야!"

"하지만 나는 지금의 네 모습 그대로도 정말 좋은걸."

"나 같은 허수아비를 좋아해주다니 넌 정말 다정한 친구야. 이제 두뇌를 얻게 되면 난 훌륭한 생각을 하는 너의 자랑스러운 친구가 될 거야."

도로시의 말에 허수아비가 대답과 함께 알현실의 문을 조심스럽게 두드렸다.

"들어오너라."

허수아비가 알현실로 들어가자 오즈가 창가에 서서 생각에 잠겨 있었다.

"두뇌를 얻으러 왔습니다."

"그래. 그런데 두뇌를 넣으려면 잠시 네 머리를 떼어내야 하는데 괜찮겠니?"

"더 훌륭한 머리를 얻을 수 있다면 얼마든지 머리를 떼어내도 좋습니다."

오즈는 허수아비의 머리를 떼어내어 머릿속에 들어 있는 밀짚을 모두 꺼낸 뒤 핀과 바늘이 든 두뇌 한 봉지를 집어넣었다. 빈 공간은 다시 짚으로 채운 후 오즈는 허수아비의 머리를 몸통에 꿰매 준 후 다음과 같이 말했다.

"새 두뇌를 가득 넣었으니 이제 너는 아주 똑똑한 사람이 될 거야."

오랫동안 바라던 소원을 이룬 허수아비는 너무 기쁘고 자랑스런 기분을 느끼며 오즈에게 고맙다고 인사한 후 친구들에게 돌아갔다.

도로시는 두뇌가 들어가 머리 꼭대기가 불룩하게 튀어나온 허수아비를 신기한 듯 바라봤다.

"기분이 어때?"

"아주 지혜로워진 기분이야. 이제 두뇌를 사용하는 방법을 알아낸다면 난 척척박사가 될 거야."

기쁨에 가득찬 목소리로 허수아비가 말하자 양철 나무꾼이 물었다.

"그런데 왜 머리에 바늘과 핀이 튀어나와 있어?"

사자가 대신 대답했다.

"그게 허수아비의 머리가 날카로워졌다는 증거야."

"이제 내가 심장을 얻으러 갈게."

양철 나무꾼이 알현실의 문을 두드리고 대답이 들리자 들어갔다.

"심장을 얻으러 왔습니다."

"심장을 넣기 위해 네 가슴에 구멍을 뚫어야 하는데 괜찮겠니?"

"저는 아픔을 전혀 느끼지 않기 때문에 괜찮습니다."

오즈는 땜장이들이 쓰는 가위로 나무꾼의 왼쪽 가슴에 작은 사각형의 구멍을 낸 후 톱밥이 가득 들어 있는 예쁜 비단 주머니를 집어넣고는 다시 작은 사각형 양철 조각을 제자리에 붙여주었다.

"이제 너는 누구든지 부러워할 심장을 갖게 되었다. 가슴에 구멍을 뚫은 것은 유감이지만 예쁜 심장이란다."

"친절하고 상냥한 심장을 갖게 되었으니 걱정하지 마세요. 정말 고맙습니다. 절대 은혜를 잊지 않겠습니다."

행복한 모습으로 양철 나무꾼이 돌아오자 겁쟁이 사자가 알현실의 문을 두드렸다.

"용기를 얻으러 왔습니다."

"잘 왔다. 너에게 용기를 주마."

오즈는 선반에서 네모난 초록색 유리병을 꺼내더니 병에 든 액체를 아름다운 초록색 접시에 따른 뒤 겁쟁이 사자 앞에 놓았다.

"마셔라. 이게 네 몸 속에서 용기로 변할 거야. 되도록 빨리 마시는 것이 좋단다."

사자는 킁킁 냄새를 맡아본 후 주저하지 않고 단숨에 접시에 담긴 것을 마셨다.

"기분이 어떠냐?"

"용기가 넘쳐 흐르는 기분이에요!"

사자는 자신의 행운을 친구들에게 자랑하고 싶어 갈기를 휘날리며 친구들에게 달려갔다.

혼자 남은 오즈는 허수아비와 양철 나무꾼과 사자의 소원을 들어준 일을 생각하며 빙긋 웃었다.

"어쩔 수 없었지만 또 사기꾼이 되어버렸네. 도저히 불가능한 소원을 들어달라고 졸라대니 난들 어쩌겠어. 허수아비와 양철 나무꾼과 사자를 행복하게 만들어주는 것은 어렵지 않았지만 도로시는 어떻게 캔자스로 돌려보내야 할까? 모두 내가 소원을 들어줬다고 믿는 것과 캔자스로 보내는 것은 전혀 다른 일이니 어쩌면 좋을까……?"

기구를 띄우다

친구들이 기쁨과 행복으로 넘쳐 있는 동안 오즈의 연락을 기다리는 도로시의 마음은 슬픔과 초조함이 커져만 갔다.

허수아비는 계속 멋진 생각이 떠오른다고 했다.

양철 나무꾼은 걸어 다닐 때마다 가슴에서 심장이 쿵쿵 뛰는 것이 느껴진다고 했다.

사자는 이제 세상 어떤 것도 무섭지 않고 사나운 칼리다 수십 마리와도 맞설 수 있다고 했다.

친구들의 말을 들을 때마다 도로시는 캔자스로 돌아가고 싶은 마음이 커져만 갔다.

나흘째 되는 날 드디어 오즈에게서 연락이 왔다. 도로시는 기쁜 표정으로 알현실의 문을 두드렸다.

"얘야 여기 앉아보렴. 드디어 너를 이 나라 밖으로 나가게 해줄 방법을 찾았단다."

"그럼 캔자스로 돌아갈 수 있나요?"

"캔자스로 갈 수 있는지는 잘 모르겠구나. 일단 먼저 무사히 사막을 건너야 해. 그러면 집으로 갈 수 있는 길을 쉽게 찾을 수 있을 거야."

"그럼 사막을 어떻게 건널 수 있죠?"

"나는 이 나라에 기구를 타고 왔단다. 너는 회오리바람을 타고 왔다고 했지? 그럼 사막을 건너려면 하늘을 나는 것이 가장 좋은 거지. 그런데 나는 회오리바람을 불게 할 수는 없지만 기구는 만들 수 있어."

"어떻게 만드는데요?"

"비단으로 기구를 만들고 기체를 채워 넣은 뒤 기체가 새어나가지 않도록 아교로 붙이면 돼.

궁궐에는 비단이 많으니 기구를 만드는 것은 어렵지 않아. 하지만 그 안을 채울 기체는 어떻게 만들어야 할지 모르겠어."

"기체가 없다면 기구를 만들어도 소용없잖아요."

"그래. 그런데 기체 대신 더운 공기를 가득 채우면 기구를 띄울 수도 있어. 물론 기체만큼 안전하지는 않아서 공기가 식으면 사막에 떨어져 우린 길을 잃을 수도 있어."

"우리요? 오즈님도 저랑 함께 가실 건가요?"

"그래. 나도 이젠 사기꾼 노릇에 지쳤어. 난 지금까지 마법사가 아니란 것이 들통 날까 봐 밖에 나가보지도 못하고 이 방에 처박혀 지내왔어. 만약 나에게 속은 것을 백성들이 알게 되면 얼마나 화를 낼지 생각하는 것만으로도 온몸이 덜덜 떨려올 정도로 무서워. 그래서 이제 고향으로 돌아가 다시 서커스단에서 일하고 싶어."

"오즈님이 함께 가신다니 저는 기뻐요."

"고맙구나. 그럼 비단 꿰매는 일을 도와주겠니? 함께 기구를 만들자구나."

그날부터 도로시는 오즈가 비단을 자르면 그 천을 바늘로 꿰매는 일을 했다. 꼬박 사흘을 작업해서 6M에 달하는 커다란 초록색 주머니가 만들어지자 오즈는 공기가 새지 않도록 주머니 안쪽에 아교를 발랐다.

"이제 우리가 타고갈 바구니가 필요해."

오즈는 초록색 수염의 병사에게 커다란 바구니를 가져오라고 명령했다.

초록색 수염의 병사가 바구니를 가져오자 오즈는 기구를 바구니에 연결한 후 끈으로 단단히 묶었다.

모든 준비가 끝나자 오즈는 부하들에게 구름 속에 살고 있는 마법사 형제들을 만나러 가겠다고 선언했다.

이 소식은 순식간에 도시 전체에 퍼졌고 백성들은 놀라운 구경거리를 보기 위해 구름처럼 몰려들었다.

오즈는 기구를 궁궐 앞에 가져다두고 양철 나무꾼이 해온 엄청난 장작으로 모닥불을 피웠다. 계속해서 오즈는 기구 아랫부분을 모닥불 위로 가져갔다.

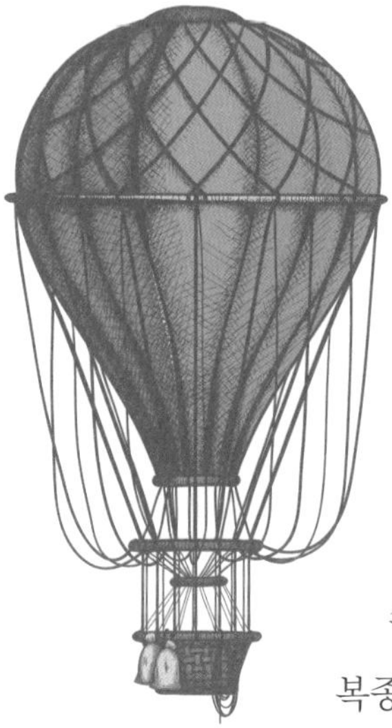

모닥불 위에서 올라오는 뜨거운 공기가 비단 기구 속으로 들어가면서 점점 부풀어오르더니 마침내 초록색 기구가 하늘로 둥실 떠올랐다.

오즈는 서둘러 바구니 안으로 들어간 뒤 백성들에게 말했다.

"나는 이제 마법사 형제를 방문하러 가노라. 내가 없는 동안 허수아비가 그대들을 다스릴 것이니 나를 대하듯 허수아비의 명령에 복종하도록 하라."

기구가 점점 더 높이 공중으로 떠오르자 기구를 단단하게 고정해 놓았던 밧줄이 팽팽해졌다.

"도로시, 어서 오너라. 서두르지 않으면 기구가 날아가버릴 거야."

"토토가 안 보여요."

토토를 남겨 둔 채 떠날 수 없었던 도로시가 외쳤다. 그때 토토는 새끼 고양이와 장난치느라 사람들 사이를 뛰어다니고 있었다.

간신히 토토를 붙잡은 도로시는 기구 쪽으로 달리기 시작했다. 오즈가 내민 손을 잡기 위해 팔을 내밀었지만 기구를 단단하게 고정했던 밧줄이 툭 끊어지면서 기구는 그대로 하늘로 올라갔다.

"저도 함께 가야 해요!"

도로시가 외쳤지만 기구는 너무 높에 떠올라 있었다.

"기구를 내려가게 하는 것은 불가능해. 그럼 모두 잘 있게."

"안녕히 가세요!"

기구를 구경하던 사람들이 점점 더 높이 하늘로 올라가는 마법사 오즈에게 외쳤다.

사람들은 그 뒤 다시는 오즈를 볼 수 없었다.

오즈는 무사히 그의 고향인 오마하에 도착했을까?

에메랄드 시 사람들은 오즈에 대해 다음과 같이 기억하며 위대한 마법사를 잃어버린 것을 오랫동안 가슴아파했다.

"오즈님은 우리의 좋은 친구였어. 우리를 위해 에메랄드 시를 건설했고 떠나면서 지혜로운 허수아비님을 보내 우리를 다스리게 하셨지.

하늘을 날고 싶은 열망의 꿈으로 만든

기구

마법사 오즈는 도로시 친구들의 모든 소원을 해결해주고 허수아비에게 에메랄드시의 왕이 되어 달라고 부탁한다. 그리고는 자신이 타고 온 풍선 기구를 타고 도로시와 사막을 건너가기로 결심한다.

그러나 오즈에게는 풍선 기구를 채울 만한 가스가 없었다. 그래서 다른 방법으로 풍선 기구를 하늘에 띄어 올릴 생각을 해야

했다.

그것은 뜨거운 공기를 이용하는 것이었다.

과연 마법사 오즈와 도로시는 뜨거운 공기로 채운 열기구를 타고 사막을 건너 무사히 캔자스에 도착할 수 있었을까?

기구 balloon

마법사 오즈가 도로시와 타고 가려했던 것은 풍선 모양의 기구다. 기구는 아래가 뚫린 풍선 모양의 둥그런 천에 공기보다 가벼운 기체나 뜨거워진 공기를 넣어 하늘로 떠오르게 하는 비행 도구다.

기구의 종류로는 지상이나 특정 물체에 묶어서 하늘에 띄워두는 일명 애드벌룬이라고 하는 광고용 풍선인 계류기구와 자유롭게 공중을 떠다니게 만든 자유기구가 있다.

사람이 타는 것은 자유기구로 주로

대형이며 기체나 뜨거운 공기를 집어넣는 기낭(공기주머니)과 불을 지피는 버너, 사람이 타는 바구니로 구성되어 있다.

기구는 비행기와 다르게 추진 동력이 없다. 단지 상승과 하강만이 가능하다.

그래서 기구를 조종하는 탑승자는 기류를 잘 읽고 기구가 안전하게 하늘을 떠갈 수 있도록 해주면 되는 것이다.

기구를 원하는 대로 조종할 수 있으려면 기상학, 지리학, 항법 등 다양한 분야에 전문적인 지식이 있어야 하고 매우 정교한 비행 기술이 필요하다.

기구가 무작정 하늘 높이 올라가기만 하면 온도가 떨어져 탑승자의 체온이 내려가며 기압도 낮아져 호흡도 힘들어진다.

만약 열기구의 버너가 고장 나서 공기를 데울 수 없거나 가스가 새거나 하는 상황에서는 추락의 위험도 있다.

이런 단점을 보완하기 위해 모래나 납을 넣은 주머니인 밸러스트를 바구니에 매달아 기구의 비행 높이를 조절하는 용도로 사용하기도 하지만 무엇보다도 탑승자의 숙련된 비행경험과 안전지식이 선행되어야 한다.

비행기가 발달하기 전 기구는 유럽과 미국의 많은 탐험가들의 모험심을 자극하는 도구가 되기도 했다. 열기구를 타고 대서양을 횡단하는 일은 매우 영광스럽고 세간의 화제가 될 정도였다.

기구는 전쟁에서 통신용 도구로 사용되기도 했으며 비행기가 발달한 오늘날에는 광고용, 스포츠 레저용으로 많이 사용되고 있다.

① 열기구 hot air balloons

최초의 열기구는 1783년, 몽골피에Joseph-Michel Montgolfier 형제가 발명했다. 형제인 조제프 몽골피에Joseph-Michel Montgolfier와 에티엔느 몽골피에 Jacques-Étienne Montgolfier는 짚을 태운 더운 공기를 이용해 기구를 약 1800미터 상공까지 띄우는데 성공했다. 이 기구는 약 10분간 2.5km를 날아갔다.

몽골피에 형제가 만든 열기구의 원리는 공기의 밀도차를 이용한 것이다.

짚을 태워 공기를 가열하면 공기분자는 팽창하고 밀도가 낮아진다. 이렇게 기낭(공기주머니)속의 공기밀도가 낮아지면 기낭 밖의 공기와 밀도차가 발생하고 부력에 의해 밀도가 낮은 공기는 위로 상승하게 되는 것이다.

② 수소 기구

몽골피에 형제의 열기구에 이어 같은 해 12월 자크 샤를Jacques Alexandre César Charles은 최초의 수소 기구를 발명했다.

샤를은 좀 더 효율적인 기구를 발명하고자 노력했으며 그 결과물이 수소를 이용한 수소기구였다.

샤를은 500kg의 철과 250kg의 황산을 섞어 수소를 얻어낸 후, 비단 주머니 안에 넣었다. 수소는 지구상에서 가장 가벼운 물질로 수소를 가득 채운 샤를의 기구는 상공 1000미터까지 빠른 시간에 상승했다.

수소 기구의 장점은 열기구에 비해 같은 무게의 바구니를 더 작은 기낭(공기주머니)으로도 들어올릴 수 있다는 것이다. 이후 수소 기구는 몽골피에 형제의 열기구와 함께 군사용으로 발전하여 사용되기도 했다.

하지만 수소기구는 불이 붙기 쉽고 폭발위험이 있어 지금은 사용하지 않는다. 오늘날은 수소만큼 가벼우면서도 화재위험이 없고 안전한 헬륨을 사용한다.

세계 최초로 사람을 실은 기구 실험은 1783년 11월 프랑스 파리의 뮈에트성에서 시연되었다. 젊은 의사인 필라트르 드 로지에Pilâtre de Rozier와

육군 장교인 로랑 다를랑드François Laurent d'Arlandes 가 탄 몽골피에 형제의 열기구는 460m 상공을 올라가 약 25분간, 약 10km를 이동한 후, 카이엔 언덕에 착륙했다.

이 사건은 인류 최초로 인간이 하늘을 비행한 첫 번째 사건이 되었다.

현재 가스나 더운 공기를 이용한 열기구를 로지에 열기구라 부른다. 마법사 오즈가 도로시와

하늘을 날고자 하는 인간의 욕망은 오래전부터 있어왔다. 그 가능성을 위해 연구된 다양한 비행선 이미지.

함께 타고 떠나려 했던 열기구도 바로 로지에 열기구다.

오즈는 열기구를 채울 가스가 없자 나무를 불태워 기낭 안을 데웠기 때문이다. 급속하게 데워진 공기가 팽창하면서 오즈의 열기구는 갑자기 하늘로 상승하게 되었고 도로시는 열기구를 결국 놓쳐버리고 만다.

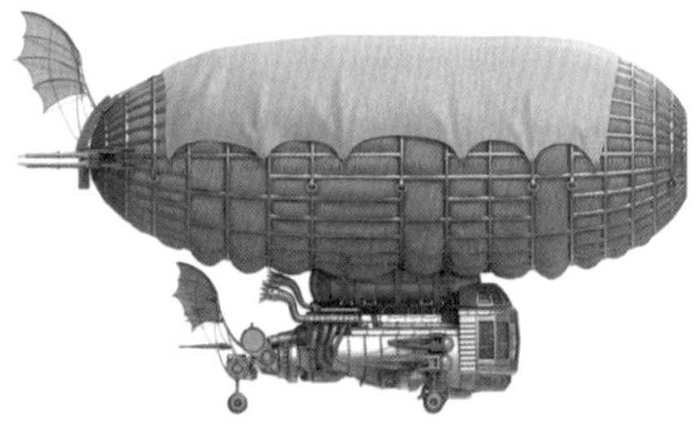

상상력을 3D로 구현한 비행선 이미지들.

남쪽으로

캔자스로 돌아갈 희망을 잃은 도로시는 몇 날 며칠을 슬픔에 잠겨 지냈다.

"나에게 이토록 훌륭한 심장을 준 사람이 가버리다니 눈물이 나. 내가 녹슬지 않도록 눈물을 닦아주렴."

양철 나무꾼의 말에 도로시는 수건으로 양철 나무꾼의 눈물을 닦아주었다.

에메랄드 시의 백성들은 똑똑한 허수아비 왕을 자랑스러워했다.

“허수아비가 다스리는 도시는 이 세상에 이곳 단 하나뿐이에요.”

오즈가 떠난 날 도로시 일행은 알현실에 모여 앞일을 의논했다. 허수아비가 옥좌에 앉았고 친구들은 그 앞에 공손히 늘어섰다.

“우린 불행해진 게 아니야. 에메랄드 시와 궁궐이 우리 것이 되었고 무엇이든 마음대로 할 수 있게 되었어. 얼마 전까지만 해도 옥수수밭 장대에 매달린 허수아비에 불과했는데 지금은 이 아름다운 도시의 왕이 되었어. 그래서 난 지금 이대로가 참 만족스러워.”

허수아비의 말에 양철 나무꾼과 사자가 차례로 말했다.

“나도 새 심장에 만족하고 있어. 이 세상에서 내가 원하던 단 한 가지가 심장을 갖는 것이었어.”

“나도 다른 동물들보다 더 용감해진 것은 아닐지 모르지만 그들만큼은 용감해진 것 같아 만족해.”

“도로시만 이곳에서 사는 것에 만족한다면 우린 모두 행복할 수 있을 거야.”

허수아비의 말에 도로시가 울먹이며 말했다.

"하지만 난 캔자스로 돌아가 엠 아줌마와 함께 살고 싶어."

"그럼 어떻게 해야 하지?"

허수아비가 골똘히 생각에 잠겼다. 어찌나 깊이 생각했던지 머리에서 핀과 바늘이 삐죽빼죽 튀어나올 정도였다.

"날개 달린 원숭이들에게 사막을 건너게 해달라고 하는 것은 어떨까?"

허수아비의 말에 도로시가 기뻐하며 황금 모자를 가져왔다.

도로시가 주문을 외우자 금세 날개 달린 원숭이들이 창문으로 날아들어와 도로시 옆에 섰다."아가씨는 두 번째로 우리를 부르셨습니다. 무엇을 원하시나요?"

"나를 캔자스로 데려다줘."

그러자 대장 원숭이가 고개를 저었다.

"우리는 결코 이 나라를 떠날 수가 없기 때문에 그건 불가능합니다. 진심으로 도와드리고 싶지만 들어드릴 수가 없습니다. 그럼 안녕히 계세요."

대장 원숭이는 인사를 하더니 다른 원숭이들을 데리고 창문 밖으로 날아가버렸다.

몹시 실망한 도로시는 다시 울먹이기 시작했다.

"괜히 황금 모자의 힘을 쓸 기회만 날려버렸어."

"그럼 초록색 수염의 병사에게 도와달라고 해보자."

허수아비는 그렇게 말한 후 병사에게 알현실로 오라고 명령했다.

"이 아가씨는 사막을 건너가고 싶어 해요. 방법이 없을까요?"

"위대한 마법사 오즈님 외에는 아무도 사막을 건너가게 해줄 수 있는 이가 없습니다."

"나를 도와줄 만한 사람도 없나요?"

"혹시 글린다라면 도울 수 있을지도 모릅니다."

"글린다요? 누군가요?"

"남쪽의 마녀예요. 가장 힘이 센 마녀랍니다. 사막 가까이에 성이 있어 사막을 건너는 법을 알고 있을지도 몰라요."

"글린다는 착한 마녀인가요?"

"글린다는 누구에게나 친절한 착한 마녀예요. 나이가 아주 많지만 젊은 여인처럼 아름답다고 해요."

"그럼 글린다의 성에는 어떻게 갈 수 있나요?"

"남쪽으로 곧장 가면 돼요. 하지만 그 길은 굉장히 위험하다고 해요. 사나운 맹수가 사는 숲도 있고 자기네 땅을 지나가는 것을 좋아하지 않는 괴물도 있다고 해요."

병사는 그들의 질문에 대답을 하고는 알현실을 나갔다.

"위험할지도 모르지만 남쪽의 마녀 글린다에게 도움을 청하는 것이 최선의 방법일 듯해."

허수아비의 말에 사자가 답했다.

"나도 도로시와 함께 떠나겠어. 난 야생동물이라 도시가 싫어. 그리고 누군가는 도로시를 보호해야 해."

"내 도끼도 도로시에게 도움이 될 테니 나도 도로시와 함께 떠나겠어."

"그럼 언제 떠나는 것이 좋을까?"

"뭐? 너도 떠나려고?"

"물론이지. 도로시가 옥수수밭 장대에서 내려주었고 에메랄드 시까지 데려왔고 두뇌도 얻게 해줬어. 내 모든 행운은 도로시가 준 거야. 그러니 도로시가 캔자스로 무사히 돌아갈 때까지 나도 도로시와 함께 할 거야."

"고마워. 너희들은 정말 좋은 친구야. 하지만 나는 빨리 이곳을 떠나고 싶어."

"그럼 내일 아침에 떠나자. 긴 여행이 될 테니 모두 철저하게 준비해야 해."

나무들의 공격

아침이 밝아오자 도로시는 초록색의 예쁜 하녀에게 작별인사를 한 후 초록색 수염의 병사와 악수를 나누었다.

문지기는 도로시 일행이 다시 험난한 여행을 한다는 것을 알고 깜짝 놀랐다. 문지기는 안경을 풀어주면서 행운을 빌었다.

"우리의 새 임금님이 되도록 빨리 돌아오시길 바랍니다."

"도로시가 집으로 돌아가도록 돕는 급한 일이 끝나면 그렇게 하지요."

"이 아름다운 도시에서 정말 따뜻한 대접을 받았어요. 고맙습니다."

도로시는 친절한 문지기에게 작별 인사를 했다.

도로시 일행은 눈부시게 빛나는 하늘을 보며 남쪽을 향해 걸음을 옮겼다.

집에 돌아갈 수 있다는 희망에 도로시는 기뻤고 사자는 신선한 공기를 마시며 숲으로 가는 것이 기뻐 꼬리를 흔들었다. 토토는 나비들과 장난치며 신나게 뛰어다녔다.

"다른 동물들에게 용감해진 내 모습을 빨리 보여줄 수 있었으면 좋겠어."

사자가 벽돌길을 걸으며 말했다.

"오즈가 그리 엉터리 마법사는 아닌 거 같아."

양철 나무꾼이 가슴 속 심장이 뛰는 것을 느끼며 말했다.

"맞아. 오즈는 나에게 정말 훌륭한 두뇌를 주는 법을 알고 있었어."

"나한테 용기를 준 그 액체를 오즈도 마셨다면 그 역시 굉장히 용감한 사람이 되었을 거야."

허수아비와 사자의 대화를 들으면서 도로시는 오즈가 자신과의 약속을 지키지 않았지만 최선을 다한 것은 알기에 아무런 말도 하지 않았다. 엉터리 마법사일지는 몰라도 분명 착한 사람이어서 오즈를 용서한 것이다.

도로시 일행은 아름다운 꽃밭과 초록빛 들판을 걸어가다가 밤이 오자 별빛 아래 풀밭에서 잠을 잤다.

다음날 다시 길을 떠난 도로시 일행은 발 디딜 틈도 없이 나무가 빽빽이 들어찬 숲에 다다랐다. 다른 길은 보이지 않았고 길을 잃을 수도 있어 방향을 바꿀 수도 없었다.

앞장 서서 걷던 허수아비가 큰 나무 밑에서 지나갈 만한 틈을 발견했다. 허수아비가 몸을 굽혀 나뭇가지 밑으로 지나가려고 하자 갑자기 나뭇가지가 허수아비의 허리를 둘둘 휘감았다. 그런 뒤 바닥에 대동댕이쳤다.

허수아비는 다치지는 않았지만 도로시가 일으켜 세워주어도 어지러운 듯 비틀거렸다.

"여기에도 틈새가 보여."

사자의 외침에 허수아비가 말했다.

"내가 먼저 지나가 볼게. 난 내동댕이쳐져도 다치지 않으니까."

이번에도 나무는 가지를 쭉 뻗어 허수아비를 휘감아 올리더니 바닥에 내던져버렸다.

"어떻게 하지? 이 나무들이 우리의 여행을 막으려고 하고 있어."

그러자 양철 나무꾼이 도끼를 들고 나무 앞으로 갔다. 나뭇가지가 양철 나무꾼도 휘감아 올리려고 하자 양철 나무꾼은 도끼로 나뭇가지를 잘라버렸다.

나무가 몹시 아픈 듯 바르르 떠는 사이 양철 나무꾼이 나무 밑을 지나며 소리쳤다.

"빨리 이리 와."

도로시와 친구들은 재빨리 달려서 나무 밑을 통과했지만 그만 토토가 작은 나뭇가지에 잡히고 말았다. 겁에 질린 토토가 마구 짖어대자 양철 나무꾼이 그 가지를 잘라 토토를 구해냈다.

더 이상 나무들이 도로시 일행을 방해하지는 않았다. 아무래도 맨 앞의 나무들만 보초를 서며 낯선 이들이 숲 안으로 들어오는 것을 막고 있었던 듯했다.

도로시 일행이 무사히 숲을 벗어나자 하얀 도자기로 만들어진 듯한 성벽이 앞을 막았다. 유리처럼 매끄러운 성벽은 사람 키보다 훨씬 높았다.

"이제 어떻게 하지?"

도로시가 묻자 양철 나무꾼이 말했다.

"내가 사다리를 만들게. 그 사다리로 이 성벽을 넘어가자."

위태로운 도자기의 나라

양철 나무꾼이 숲속의 나무를 베어 사다리를 만드는 동안 오랜 여행에 몹시 고단했던 토토와 사자 그리고 도로시는 바닥에 누워 잠을 잤다.

"이런 성벽은 왜 있는 걸까? 이건 대체 뭘로 만든 걸까?"

허수아비가 궁금한 듯 말했다.

볼품없었지만 사다리가 완성되자 허수아비는 잠든 친구들을 깨운 후 먼저 사다리를 올라갔다.

허수아비가 사다리를 올라가는 자세가 너무 엉성해 그 뒤를 따르던 도로시는 몇 번이고 흔들리는 허수아비를 잡아주었다. 마침내 성 벽 위로 오른 허수아비가 소리쳤다.

"우와 세상에!"

다른 일행도 모두 무사히 성벽 위에 올라 그 너머에 펼쳐진 풍경에 눈을 동그랗게 떴다.

접시처럼 매끄럽고 하얗게 반짝이는 땅이 펼쳐져 있었고 형형색색의 도자기 집들이 여기저기 자리잡고 있었다. 그런데 가장 큰 집이라도 도로시의 허리 정도밖에 되지 않는 아주 작은 집들이었다.

도자기 울타리가 쳐진 조그만 외양간도 있었고 도자기로 만들어진 소와 양, 말, 돼지, 닭들이 무리지어 있었다.

그런데 사람들도 도자기로 만들어져 있었다. 그들의 옷도 도자기였으며 가장 키가 큰 사람이 도로시의 무릎 정도에 닿을 정도로 모두 매우 작았다.

소의 젖을 짜거나 양을 치는 여자들은 금빛 점박이 무늬의 화려한 옷을 입고 있었고 화려하고 멋진 드레스를 입은 공주들도 보였다. 보석이 박힌 왕관을 쓰고 하얀 모피 코트와 공단 옷을 입은 왕자들도 있었다.

"여기서 어떻게 내려가지?"

사다리는 너무 무거워 성벽 위로 끌어올릴 수 없었기 때문에 도로시는 고민스런 점을 말했다.

그때 허수아비가 성벽 아래로 뛰어내리더니 바닥에 엎드렸다. 친구들은 허수아비의 머리에 튀어나와 있는 핀에 찔리지 않도록 조심하며 차례차례 허수아비 몸 위로 뛰어내렸다.

모두 무사히 내려오자 친구들은 납작해진 허수아비를 일으켜 세워 본래 모양으로 돌아오도록 매만져 주었다.

"남쪽으로 가려면 이 도시를 가로질러 가야 해."

도로시의 말에 일행은 이상한 도자기의 나라를 가로질러 걸어가기 시작했다.

도자기 암소가 도로시 일행을 보고 놀라서 발길질을 하는 바람에 도자기 암소의 젖을 짜던 아가씨가 나동그라졌다. 의자와 우유통도 요란한 소리를 내며 바닥에 쓰러지면서 암소와 의자의 다리가 부러졌다. 아가씨는 팔꿈치에 금이 갔다.

"당신들이 무슨 짓을 했는지 알아요? 암소 다리가 부러져 수선공에게 데려가 아교로 다리를 붙여야 해요. 당신들은 왜 여기에 와서 내 암소를 놀라게 하는 거예요?"

"미안해요. 용서해주세요."

화를 내는 아가씨에게 도로시가 사과하자 아가씨는 시무룩한 얼굴로 아무런 대답 없이 부러진 암소의 다리를 들고 절룩거리는 암소를 끈 채 어딘론가 가 버렸다.

도자기 아가씨에게 너무 미안한 마음이 든 도로시에게 착한 양철 나무꾼이 말했다.

"자칫하면 이 예쁜 사람들이 다칠 수 있으니 조심해야겠어."

이번에 도로시 일행이 마주친 사람은 아름다운 드레스를 입은 공주님이었다.

도로시가 그들을 발견하고 도망치는 공주님의 뒤를 쫓아가자 공주님이 소리쳤다.

"제발 따라오지 말아줘요!"

공주님이 너무 겁을 내어 도로시는 걸음을 멈추고 물었다.

"왜 그러는 거예요?"

"달리다가 넘어지면 몸이 부서질 수 있거든요."

"부서지면 고치면 되잖아요."

"고칠 수는 있지만 처음처럼 예뻐질 수는 없거든요."

"아 그렇군요."

"저기 보이는 어릿광대는 물구나무서기를 하는데 넘어질 때마다 자꾸 부서져 100군데 이상 수선을 했어요. 그래서 저렇게 흉한 얼굴이 되었답니다."

쾌활한 어릿광대가 빨강, 노랑, 초록이 섞인 예쁜 옷을 입고 다가오고 있었다. 그런데 그 몸은 온통 금간 자국으로 덮여 있었다.

도로시가 공주에게 말했다.

“당신은 정말 아름답고 사랑스러워요. 당신을 캔자스로 데려가 벽난로 위에 올려놓고 싶어요. 내 바구니 속에 들어가면 함께 갈 수 있을 텐데…….”

“저를 불쌍하게 만들지 마세요. 우리는 이 나라에서 마음껏 돌아다니며 말도 하며 행복하게 살 수 있지만 이 나라를 떠나면 딱딱하게 굳어 벽난로나 장식장 같은 곳에 예쁜 인형처럼 놓여 있게 될 뿐이에요. 우린 이 나라에서 사는 것이 가장 행복해요.”

“그렇군요. 난 당신을 불행하게 만들고 싶지 않아요. 이만 안녕.”

도로시 일행은 매우 조심스럽게 걸어 도자기 나라를 지나갔다. 도자기 동물과 사람들은 도로시 일행에게 밟히거나 차이지 않도록 재빨리 몸을 숨겼다.

한 시간쯤 걸어 도로시 일행은 도자기 나라를 무사히 빠져나갈 수 있었다. 여전히 도자기 성벽이 있었지만 좀 더 낮아 도로시 일행은 사자의 등을 밟고 성벽 위로 올라갈 수 있었다.

마지막으로 사자가 성벽 위로 펄쩍 뛰어오르면서 꼬리를 치는 바람에 도자기 교회가 산산히 부서졌다.

"정말 미안하지만 그래도 암소 다리 하나와 의자 다리, 교회 한 채 외엔 다른 피해를 주지 않고 이곳을 떠날 수 있는 것만도 다행스런 일이야. 이곳 사람들은 워낙 깨지기 쉬워서 말이야."

"그건 그래. 짚으로 만들어진 나는 다치는 일이라곤 아예 없어서 좋아. 그러고 보니 세상에는 허수아비가 되는 것보다 더 나쁜 일도 있구나."

사자, 동물의 왕이 되다

도자기 나라를 나오자 잡초로 뒤덮인 늪지대가 나타났다. 잡초 아래에는 여기저기 질퍽질퍽한 수렁이 널려 있어서 툭하면 발이 빠져 버렸다.

어딘가 숨어 있을 수렁을 피하며 한참 걷고 나니 드디어 마른 땅이 나왔다. 하지만 마른 땅도 거친 덤불이 우거져 있어 고생해야 했다.

마른 땅을 벗어나니 크고 오래 된 나무들이 울창한 숲이 나타났다.

"이런 멋진 숲은 난생 처음이야!"

사자가 기뻐하며 숲을 둘러보았다.

"좀 으스스한데?"

허수아비의 말에 사자가 대답했다.

"난 평생 이런 곳에서 살고 싶어. 발밑의 가랑잎도 부드럽고 이끼들도 촉촉해. 들짐승들에게 이보다 더 좋은 곳은 없을 거야."

"이런 숲이라면 맹수들이 살고 있겠지?"

"아마 그럴 거야. 그런데 아무리 둘러봐도 동물들이 보이지 않아."

도로시 일행은 날이 어두워질 때까지 숲 속을 걷다가 밤이 되자 나무 밑에 누워 잠이 들었다. 나무꾼과 허수아비는 그런 그들 옆에서 보초를 섰다.

이튿날 아침 도로시와 친구들은 다시 길을 떠났다.

그런데 얼마 안 있어 어디선가 으르렁거리는 소리가 들렸다. 수많은 동물들이 으르렁거리는 소리에 토토가 겁을 먹고 낑낑댔지만 다른 친구들은 조금도 겁먹지 않고 오솔길을 걸어갔다.

그러다 숲속의 빈터에 다다르자 그곳에는 호랑이, 코끼리, 여우, 늑대, 곰 같은 맹수들과 땅 위에 사는 온갖 동물들이 한 자리에 모여 있었다.

동물들의 모습에 겁에 질린 도로시가 슬금슬금 뒤로 물러서자 사자가 동물들에게 어려운 일이 생겨 모여서 회의 중인 듯하다고 했다.

바로 그때 동물들이 사자를 발견하고는 우르르 몰려들었다. 호랑이가 사자에게 넙죽 절을 하더니 말했다.

"동물의 왕이시여, 마침 잘 오셨습니다. 부디 저희의 적을 물리치고 숲의 평화를 찾아주십시오."

"무슨 일이냐?"

"얼마 전 이 숲에 괴물이 하나 들어오더니 우리를 위협하고 있습니다. 얼굴은 거미처럼 생겼고 몸은 코끼리만큼 크며 다리는 큰 나무만큼 깁니다. 괴물은 여러 개의 긴 다리로 숲을 휘젓고 다니며 동물들을 마구 잡아먹고 있습니다. 그래서 저희는 어떻게 하면 괴물을 물리치고 동물들을 지킬 수 있을까 방법을 찾아 머리를 맞대고 있던 중입니다."

"이 숲에는 사자가 없느냐?"

"몇 마리 있었지만 덩치가 크거나 용감하지 않았고 괴물이 다 잡아먹어버렸습니다."

"내가 그 괴물을 처치하면 너희들은 나를 이 숲의 왕으로 받들어 모실 테냐?"

"네. 분부대로 하겠습니다."

호랑이가 대답하자 다른 동물들도 대답했다.

"괴물은 지금 어디 있느냐?"

"저쪽 참나무 숲에 있습니다."

"내 친구들을 보살펴다오. 나는 당장 그 괴물과 싸우러 가겠다."

사자는 당당한 걸음으로 참나무 숲으로 향했다.

그곳에는 큰 거미처럼 생긴 괴물이 잠을 자고 있었다. 나무만큼 긴 다리에 온통 검은 털로 뒤덮인 몸과 한 뼘이나 되는 날카로운 이빨을 드러낸 커다란 입을 가지고 있었다. 그런데 괴물의 목은 개미허리처럼 가늘어 사자는 그곳이 괴물의 약점이라는 것을 알아차렸다.

잠든 괴물의 등으로 뛰어오른 사자는 날카로운 발톱으로 괴물의 머리를 순식간에 잘라버렸다.

머리가 잘린 괴물은 버둥거리며 한동안 꿈틀거리더니 더 이상 움직이지 않게 되었다.

사자는 동물들이 기다리는 공터로 돌아와 의기양양하게 말했다.

"괴물은 죽었으니 더 이상 두려워할 것이 없다."

기쁜 소식에 동물들은 일제히 땅바닥에 엎드려 사자 왕에게 충성을 맹세했다. 그리고 사자는 동물들에게 약속했다.

"내 친구 도로시가 캔자스로 무사히 돌아가면 다시 이곳으로 와서 너희들의 임금이 되어주겠다."

퀴들링의 나라

도로시와 친구들이 무사히 숲을 통과하자 눈앞에는 꼭대기부터 기슭까지 바위로 덮여 있는 가파른 언덕이 펼쳐졌다.

"올라가기 무척 어렵겠는데? 그래도 우리는 저 언덕을 꼭 넘어가야 해."

허수아비는 이렇게 말하고 앞장서서 바위를 오르기 시작했다.

모두 첫 번째 바위에 오르자 어디선가 거친 목소리가 들려왔다.

"돌아가라."

"너는 누구냐?"

허수아비가 놀라서 묻자 바위 위로 머리 하나가 불쑥 솟아나더니 여전히 거칠고 사나운 목소리로 말했다.

"이 언덕은 우리 거야. 아무도 이 언덕을 넘을 수 없어."

"하지만 우리는 이 언덕을 넘어야 해. 쿼들링의 나라로 가야 하거든."

"그렇게는 안 될걸!"

허수아비의 말에 바위 뒤에서 아주 괴상하게 생긴 사내가 걸어나오며 말했다.

키가 작고 아주 뚱뚱하며 매우 큰 머리에 머리 꼭대기는 망치처럼 납작했다. 굵은 목은 용수철처럼 온통 주름살투성이였고 양팔이 없었다.

그 모습을 본 허수아비는 남자가 자신들을 막지 못할 것이라고 생각했다.

"네가 싫어한다니 유감이지만 우리는 이 언덕을 반드시 넘어가야 해."

허수아비가 앞으로 걸어 나가자 사내의 주름진 목이 쭉 펴지는가 싶더니 순식간에 목이 튀어나와 허수아비의 허리를 들이받았다.

허수아비는 언덕 아래로 데굴데굴 굴러 떨어지는 사이 사내의 머리는 순식간에 제자리로 돌아가 있었다.

"이 언덕을 넘는 게 쉬운 일은 아닐걸!"

사내가 낄낄거리자 다른 바위에서도 일제히 비웃는 소리가 들려왔다. 도로시는 바위마다 망치 머리들이 하나씩 숨어 있는 것을 발견했다.

망치 머리들이 허수아비를 비웃자 화가 난 사자는 천둥 같은 고함 소리를 내며 언덕을 달려 올라갔다. 그러자 또 다른 머리 하나가 재빨리 튀어나와 사자를 들이받았다.

덩치 큰 사자마저도 마치 대포알을 맞은 듯한 아픔을 느끼며 언덕 아래로 굴러 떨어졌다.

도로시가 언덕 아래로 달려가 허수아비를 일으켜 세우는 동안 언덕을 굴러 여기저기 상처를 입은 사자가 다가왔다.

"총알처럼 튀어나오는 머리와는 싸워 이길 수가 없어. 저놈들을 누가 이길 수 있겠어?"

"그럼 어떻게 하지?"

도로시가 걱정스럽게 묻자 양철 나무꾼이 대답했다.

"날개 달린 원숭이를 부르자."

도로시는 서둘러 황금 모자를 쓰고 주문을 외웠다. 곧 날개 달린 원숭이들이 도로시 앞에 나타났다.

대장 원숭이가 도로시에게 허리를 굽히면서 물었다.

"무엇을 도와드릴까요?"

"우리를 저 언덕 너머에 있는 퀴들링의 나라로 데려다줘."

"분부대로 하겠습니다."

날개 달린 원숭이들이 도로시 일행을 품에 안고 공중으로 훅 날아오르자 망치 머리들이 고함을 지르며 하늘로 머리를 길게 뽑아 올렸다. 그러자 날개 달린 원숭이들은 더 높이 하늘로 올라가 도로시 일행을 안전하게 아름다운 퀴들링의 나라에 내려놓았다.

"아가씨가 우리를 부를 수 있는 기회는 이제 다 쓰셨습니다. 그럼 안녕히 가세요."

대장 원숭이가 작별인사를 한 후 다른 날개 달린 원숭이들과 눈 깜짝할 사이에 사라졌다.

퀴들링의 나라는 풍요롭고 행복해 보였다. 넓은 들판에는 곡식이 익어가고 있었으며 길들도 잘 손질되어 있고 시냇물 위에는 튼튼한 다리가 놓여 있었다.

먼치킨의 나라에서는 모든 집과 울타리가 파란색이었고, 에메랄드 시에서는 모두 초록색이었는데 퀴들링은 모든 것이 빨간색이었다.

퀴들링들은 작고 통통하며 상냥한 얼굴로 빨간 옷을 입고 있었다.

바로 앞에 농부의 집이 보이자 도로시 일행은 문을 두드렸다. 문이 열리고 농부의 아내가 나타나자 도로시는 먹을 것을 좀 달라고 청했다.

농부의 아내는 케이크와 과자로 멋진 식사를 차려준 뒤 토토에게는 우유 한 접시를 주었다.

"여기서 글린다의 성까지는 얼마나 멀죠?"

도로시의 질문에 농부의 아내가 대답했다.

"남쪽으로 곧장 가면 금방 도착할 거예요."

오랜만에 맛있는 식사를 한 도로시 일행은 농부의 아내에게 감사 인사를 한 후 다시 길을 떠났다.

들판을 지나고 예쁜 다리

를 건너자 아름다운 성이 보였다. 성문 앞에는 가장자리에 금빛 장식을 두른 빨간색 제복을 입은 젊은 여자 병사 세 명이 서 있었다.

"무슨 일로 오셨나요?"

"착한 마녀를 만나러 왔어요. 그분께 데려다주실 수 있나요?"

"누구신지 말씀해주시면 글린다님께 손님이 오셨다고 전해드리겠습니다."

도로시가 이름을 말하자 성 안으로 들어갔던 여자 병사는 잠시 뒤에 돌아와서 도로시 일행을 성 안으로 안내해주었다.

도로시의 소원을 들어준 착한 마녀

도로시 일행은 어떤 방으로 안내되었다. 그곳에서 도로시는 세수를 하고 머리도 곱게 빗었다. 사자는 먼지투성이가 된 갈기를 부드럽게 매만졌고 허수아비는 온몸을 두드려서 몸매를 가다듬었다. 양철 나무꾼도 녹슨 곳을 닦아서 윤을 내고 이음매에 듬뿍 기름칠을 했다.

몸치장이 끝나자 도로시 일행은 여자 병사를 따라 큰 방으로 갔다.

새하얀 드레스를 입고 풍성한 붉은 머리카락이 어깨까지 치렁 치렁 내려온 아름다운 마녀 글린다가 빨간 루비 옥좌에 앉아 있었다.

"무슨 도움이 필요한 거니?"

글린다의 상냥한 말에 도로시는 자신이 지금까지 겪은 모든 일들을 이야기하고 마지막으로 말했다.

"저는 이제 캔자스로 돌아가고 싶어요. 엠 아줌마와 헨리 아저씨가 매우 걱정하고 계실 거예요."

사랑스런 눈길로 도로시를 바라보던 글린다가 도로시의 얼굴이 입맞추고 나서는 말했다.

"네 마음이 참 곱구나. 캔자스로 돌아가는 방법을 알려주마. 그 대신 네 황금 모자를 나에게 주렴."

"기꺼이 드릴게요. 저는 이미 세 번의 기회를 모두 써서 아무 소용이 없거든요."

"그래. 나에게는 지금 딱 세 번의 도움이 필요하단다."

글린다가 살며시 웃으며 말하더니 도로시에게서 황금 모자를 건네 받은 뒤 허수아비에게 물었다.

"도로시가 떠나고 나면 그대는 무엇을 할 작정인가?"

"저는 에메랄드 시로 돌아가야 해요. 오즈가 제게 에메랄드 시의 왕좌를 물려주었는데 그곳 사람들도 저를 무척 좋아해요. 그런데 망치 머리들의 언덕을 어떻게 넘어야 할지 걱정이에요."

"그럼 내가 황금 모자로 날개 달린 원숭이를 불러서 에메랄드 시로 보내주겠다. 아주 똑똑한 것을 보니 훌륭한 왕이 될 수 있겠군."

마녀는 양철 나무꾼에게도 물어보았다.

"도로시가 이곳을 떠나면 그대는 어떻게 할 작정인가?"

"사악한 마녀가 죽은 뒤 윙키들이 그곳을 다스려주길 원했어요. 저도 윙키들을 좋아하기 때문에 서쪽 나라로 가고 싶습니다."

"그대도 원숭이들에게 서쪽 나라로 데려다주라고 부탁하지. 두뇌는 허수아비보다 못하지만 참으로 따뜻한 심장을 지니고 있으니 틀림없이 자애로운 왕이 될 거야."

마녀는 사자를 보며 질문했다.

"도로시가 집으로 돌아가면 그대는 어떻게 할 작정인가?"

"망치 머리들의 언덕 너머에 큰 숲이 있는데 그 숲의 동물들이 저를 왕으로 삼았습니다. 저는 그 숲으로 돌아가 동물들과 행복하게 살고 싶습니다."

"알겠네. 그대도 황금 모자로 원숭이들을 불러 그 숲으로 보내주겠네. 황금 모자의 힘을 다 쓰고 나면 나는 모자를 원숭이들에게 돌려줘 앞으로 원숭이들이 자유롭게 살 수 있도록 할 것이네."

허수아비와 양철 나무꾼과 사자는 착한 마녀에게 진심으로 고마워했다.

"정말 마음씨 고운 글린다님이시군요. 그런데 저는 어떻게 캔자스로 돌아가나요?"

"네가 신고 있는 은구두가 널 캔자스로 데려다줄 거야. 그 은구두는 세상 어디든지 데려다줄 수 있는 마법의 구두란다. 네가 그걸 알았다면 이곳에 온 첫날 다시 캔자스로 돌아갈 수 있었을 텐데."

"만약 그랬다면 저는 두뇌를 얻지 못하고 평생 옥수수밭 장대에 매달려 지냈을 거예요."

"저는 심장을 얻지 못하고 녹이 슨 채 영원히 숲 속에 있었을 거예요."

"저는 용기를 얻지 못하고 언제까지나 겁쟁이로 살았을 거예요."

허수아비와 양철 나무꾼과 사자의 말에 도로시도 말했다.

"제가 친구들에게 도움을 줄 수 있어서 정말 기뻐요. 제 친구들은 모두 소망을 이루고 좋은 나라를 다스리게 되어서 행복할 거예요. 그러니 저도 이만 캔자스로 돌아가고 싶어요."

"그 은구두는 세 걸음만으로도 이 세상 어느 곳이든 갈 수 있는 놀라운 힘을 가지고 있단다. 은구두의 뒤꿈치를 세 번 맞부딪치면서 네가 가고 싶은 곳을 말하기만 하면 돼."

도로시는 사자의 목을 끌어안고 큰 머리를 부드럽게 쓰다듬은 뒤 입을 맞췄다. 양철 나무꾼에게도 입을 맞추자 나무꾼은 녹이 슬 거란 걱정도 잊은 채 엉엉 울었다. 마지막으로 허수아비의 폭식폭신한 몸을 끌어안으며 도로시는 하염없이 눈물을 흘렸다.

착한 마녀 글린다가 도로시에게 작별의 입맞춤을 해주자 도로시도 감사의 인사를 전한 뒤 강아지 토토을 안고 친구들에게 작별 인사를 한 다음 은구두의 뒤꿈치를 세 번 맞부딪치면서 외쳤다.

"나를 엠 아줌마가 계신 캔자스의 집으로 데려다줘!"

도로시는 곧바로 하늘을 날기 시작했다. 너무 빨리 날아 아무것도 볼 수도 느낄 수도 없었다.

스쳐 가는 바람 소리만 들리는 가운데 은구두는 딱 세 걸음을 내딛더니 우뚝 멈춰섰다.

너무 갑자기 멈추는 바람에 도로시는 데굴데굴 풀밭 위로 굴렀다.

"우와!"

주위를 둘러본 도로시는 캔자스의 넓은 들판에 앉아 있다는 것을 알았다. 그리고 저 멀리 엠 아줌마와 헨리 아저씨의 새 집이 있었다. 회오리바람에 집이 날아간 뒤 아저씨가 새로 지은 집이었다. 헨리 아저씨는 암소의 젖을 짜고 있었다.

도로시의 품에서 빠져나간 토토가 기분 좋은지 왈왈 짖으며 헛간으로 달려갔다. 풀밭에서 일어선 도로시는 자신이 양말만 신고 있다는 것을 알았다.

은구두는 캔자스로 오는 사이 사막 어딘가에 떨어져 영원히 묻혀버린 것이다.

우주의 지름길 또는 타임머신

웜홀

도로시는 우여곡절 끝에 남쪽 마녀 글린다를 만난다, 글린다는 도로시에게 자신이 신고 있는 은구두를 세 번 부딪히면 집으로 갈 수 있다는 것을 알려 준다.

또한 은구두는 가고 싶은 곳을 상상하고 세 발자국을 움직이면 어디든지 도착하게 해주는 마법도 가능했다. 세 번 부딪히면 순간이동을 할 수 있는 은구두라니! 상상만 해도 멋진 일이 아닐 수 없다.

그러나 우리의 상상과는 달리, 가로, 세로, 높이가 분명한 3차원 공간과 시간으로 구성된 현상계에서 순간이동은 물리적으로 불가능한 일이다.

순간이동은 SF 영화나, 판타지 소설 등에서 볼 수 있는 상상의 소재다. 순간이동을 가장 인상적으로 보여줬던 드라마로는 1966년부터 미국 NBC에서 방영된 〈스타트랙〉 시리즈가 있다.

이 드라마에서는 대원들이 위험한 상황에 직면하거나 이동해야 할 때, 빔을 발사해 모선인 엔터프라이즈호로 순식간에 텔레포트teleportation(순간이동)하는 장면이 등장한다.

스타트랙 매니아라면 순간이동 장면은 빼놓을 수 없는 드라마의 대표 장면으로 추억할 것이다.

과학은 매우 정확하고 논리적으로 현상을 밝혀내는 과정이지만, 그 이론의 시작은 공상과 상상으로부터 시작된 것들이 많다.

그 상상이 과학의 영역으로 넘어가기 위해서는 수학적 이론이 뒷받침 되어야 하고 실험과 관찰을 통해 입증되어야 한다.

그런데도 다소 허무맹랑하게 들리는 순간이동이라는 주제가 일반인이 아닌, 물리학자의 입에서 나오고 있다면 어떨까?

사실 시간여행이라는 개념을 물리학적으로 설명했던 사람은 세계 최고의 천재 물리학자라 불리던, 아인슈타인이었다.

닐스 보어가 양자역학을 이야기했을 때도 다수의 물리학자들은 닐스보어를 비롯한 코펜하겐학파 전체를 비아냥거렸으며 아인슈타인조차도 닐스 보어에게 신랄한 비판을 멈추지 않았다.

하지만 현재, 인류는 생명공학, 화학, 생리학, 전자 전기, 반도체, 통신 등 양자역학의 이론적 기반 없이는 발전할 수 없는 상황에 이르렀다. 비록 아직은 이론에 불과하지만 일부 물리학자와 수학자, 천문학자 등은 순간이동의 가능성에 대해서 일반인들보다는 진지하게 다루고 있는 것 같다. 바로 그것이 물리학자들의 은구두인 '웜홀

worm hole'이다.

웜홀: 과학의 은구두

도로시에게 은구두가 있다면, 과학자들에게는 웜홀wormhole이 있다.

웜홀은 미국의 이론 물리학자인 존 A 휠러가 명명한 것으로 벌레구멍이라는 뜻을 가지고 있다.

여기 아주 귀여운 사과 벌레 한 마리가 있다. 사과 벌레는 평생 사과 표면을 기어 다니며 맛난 사과에 구멍을 뚫고 과즙을 먹으며 살아간다.

사과 벌레는 둥그런 사과 오른쪽에서 왼쪽까지 가는 데 한나절이 걸린다. 사과 벌레가 가로와 세로만 존재하는 2차원 공간인 사과 표면에서 사는 한, 둥그런 사과 표면 공간을 따라 열심히 기어가는 것이 가장 빠른 길이기 때문이다.

그런데 어느 날, 사과 벌레는 자신이 과즙을 먹기 위해 뚫어놓았던 구멍을 발견한다.

그리고는 자신도 모르게 그곳으로 빨려 들어가게 되었고 정신을 차려보니 사과 반대편에 와 있었다. 사과 벌레는 문득 깨달았다. 이 세상은 2차원 평면을 초월해서 공간을 이어주는 또 다른 차원의 공간이 있구나라고 말이다.

웜홀은 사과 표면 위에 벌레 구멍을 뚫은 사과 벌레에서 착안하여 붙인 이름이다. 어쩌면 인류는 지구라는 사과 위에 사는 사과 벌레와 같을지도 모른다.

웜홀 개념은 어느 날 갑자기 등장한 이론이 아니다. 웜홀은 아인슈타인의 일반상대성이론을 기반으로 만들어진 우주물리학 이론이다.

뉴턴은 질량을 가진 모든 물체는 서로 잡아당기는 힘이 있다는 것을 발견했다. 바로 중력이다.

하지만 뉴턴은 그 중력이 왜 생기는지는 설명하지 못했다. 또한 뉴턴은 우주가 3차원 공간이 끝없이 펼쳐져 있는 평면이라고 생각했다. 벌레 구멍을 발견하기 전 사과 벌레와 같이 말이다.

이 절대적일 것만 같았던 뉴턴의 우주를 완전히 뒤집어 놓은 사람이 있다. 아인슈타인이다.

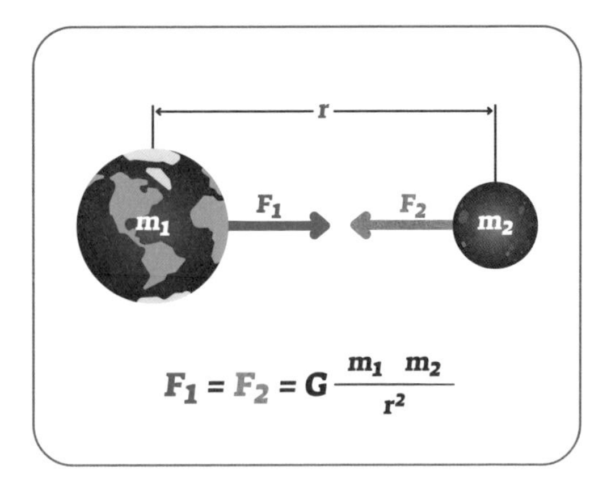

아인슈타인은 인류가 인식 가능한 공간과 시간의 개념이 절대적이지 않다는 생각을 처음으로 제시한 이론물리학자였다. 이 생각은 코페르니쿠스가 지동설을 주장했던 것만큼 충격적인 일이었다.

아인슈타인A. Einstein은 중력이 왜 생기는지를 설명했다. 이것이 일반상대성이론Theory of general relativity이다. 아인슈타인에 의하면, 중력은 질량이 있는 물체가 공간을 구부리기 때문에 생기는 것이라고 설명한다.

일반상대성이론에서 말하는 지구의 공전은, 지

구가 태양의 주위를 돌고 있는 것이 아니라, 질량이 엄청나게 큰 태양이 만들어 놓은 시공간의 구부러진 수렁 속으로 지구가 원을 그리며 굴러 떨어지고 있는 것을 말한다.

아인슈타인의 일반상대성이론은 1919년의 개기일식 당시, 영국 천문학자인 아서 에딩턴Arthur Stanley Eddington이 입증했다.

1919년 에딩턴이 관찰한 개기일식.

에딩턴은 관측을 통해 태양 후면에 있는 별이 태양에 가려 보이지 않을 것이라는 예측과는 달리,

태양 주변의 시공간이 태양의 질량에 의해 구부러지면서 후면의 별빛이 구부러진 공간을 따라 지구에 도달하는 것을 확인했다.

이것은 사과 벌레가 사과 속 구멍을 발견한 것처럼 시공간에 대한 인류의 고정된 틀을 완전히 깨부수는 대폭발과 같은 사건이었다. 이로써 아인슈타인의 일반상대성이론은 입증되었다.

하지만 아인슈타인이 예견했던 엄청난 질량으로 시공의 왜곡을 가져오는 그 무엇에 대해서는 여전히 증명되지 못한 채 시간이 흐르는 듯 보였다.

아인슈다인에 따르면, 우주에는 태양보다 수십 배에서 수천 배 큰 질량을 가진 물질이 있다. 이 물질들은 질량이 어마어마하게 크기 때문에 우리가 상상할 수 없을 만큼 시공을 구부러뜨릴 수 있다.

그 대표적인 것이 '블랙홀'이다.

블랙홀이라는 이름은 아인슈타인이 명명한 것이 아니다. 블랙홀 또한 웜홀이라는 이름을 명명했던 존 A 휠러가 사용하면서 널리 알려지게 된 개념이다.

블랙홀은 엄청난 질량을 가지고 있어 빛조차 빠져나올 수 없을 만큼 중력이 강하다.

그래서 주변의 모든 물질과 에너지를 빨아들이고 시공의 구부러짐도 상상할 수 없을 정도로 크다. 이 점에 아이디어를 얻은 과학자들은 블랙홀과 반대 개념인 화이트홀을 생각해냈다.

블랙홀 속으로 빨려 들어간 중력이 어딘가로 다시 뿜어져 나오는 시공이 존재할 것이라고 생각한 것이다.

웜홀은 블랙홀과 화이트홀을 이어주는 일종의

통로이자, 사과 벌레의 구멍처럼 공간 속 지름길인 셈이다.

웜홀은 사과 벌레가 오른쪽 사과 표면에서 왼쪽 사과 표면으로 벌레 구멍을 통해 순간이동을 했듯, 지구에서 다른 별이 있는 공간이나 또 다른 우주로 순간이동할 수 있도록 해준다.

이동하고자 하는 두 공간의 입구와 출구에 엄청난 중력을 걸 수만 있다면 이론적으로 공간을 구부릴 수가 있다는 가정이다.

이것은 A4 용지를 반 갈라 양쪽에 점을 찍고 한 점에서 다른 점으로 이동하는 최단거리를 찾는 방법과도 같다.

2차원 평면인 용지에서 두 점의 최단거리는 직선이다. 하지만 3차원에서 생각했을 때 최단거리는 종이를 반으로 접는 것이다.

다시 말해 2차원 평면 공간을 구부려 휘게 만드는 것이다. 2차원 평면에 사는 사과 벌레에게 이것은 말도 안 되는 일이지만, 3차원의 인간이 볼 때는 전혀 어려운 일이 아니다.

물론 블랙홀과 웜홀의 개념이 종이 한 장 접는

것처럼 간단한 일은 아니다. 인류가 질량이 시공을 휘게 한다는 사실을 알게 된지 이제 겨우 백 년이 조금 지났을 뿐이다.

어느 날 엄청나게 똑똑한 천재 사과 벌레 한 마리가 자신이 살고 있는 2차원 세계가 접힐 수 있다는 것을 처음으로 알아차린 것이다.

아인슈타인은 일반상대성이론을 통해 엄청난 중력을 가진 블랙홀에 대해 예견을 했다. 아인슈타인이 엄청난 중력이 작용하는 그 무엇을 이야기할 때만 해도 블랙홀은 그저 천재 물리학자의 상상 정도로 생각했다. 지금 웜홀이 수학적으로만 가능한 이론이듯, 당시 블랙홀 또한 수학적으로만 가능한 '그 무엇'이었다.

블랙홀을 처음 수학적으로 증명해 낸 학자는 독일의 천문학자 카를 슈바르츠실트Karl Schwarzschild였다.

이후 블랙홀에 대한 연구는 영국의 이론 물리학자인 스티븐 호킹Stephen William Hawking과 로저 펜로즈Sir Roger Penrose에게 이어져 블랙홀의 존재는 수학적으로 명확히 예측되었다.

스티븐 호킹은 절대 양립 불가능할 것 같은 현대물리학의 양대 산맥인 아인슈타인의 상대성이론과 양자역학을 블랙홀 안에서 통합해냈다.

그저 빨아들이기만 한다고 생각했던 악마의 블랙홀에서도 입자가 형성되어 방출된다는 천사의

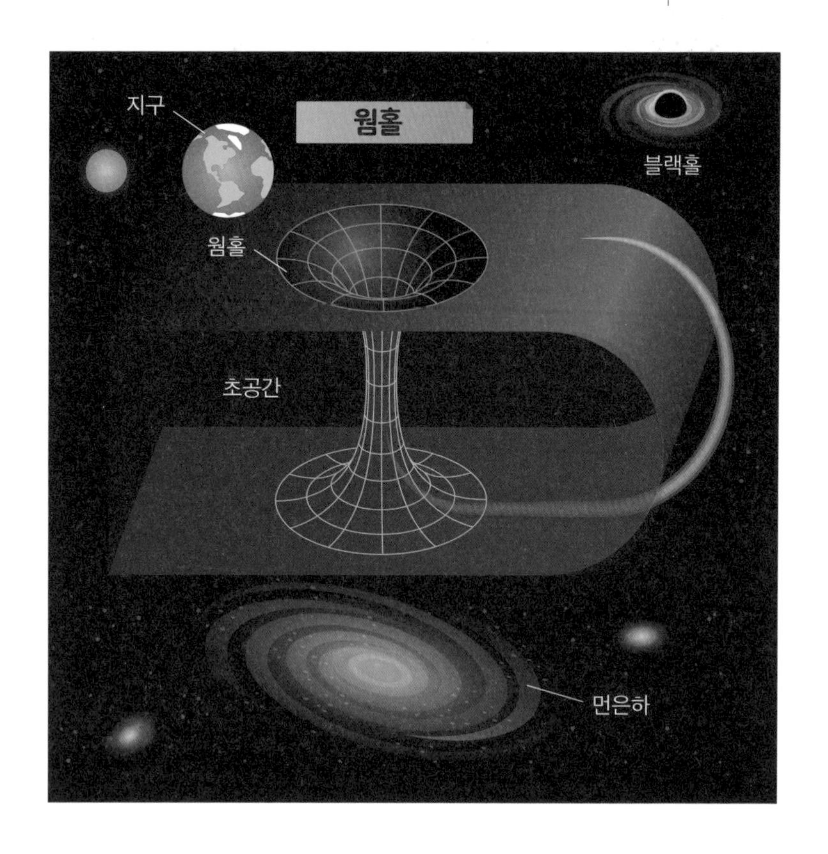

블랙홀 이론이었다. 이것을 다시 말하자면, 블랙홀이 곧 화이트홀인 것이다.

스티븐 호킹과 펜로즈가 예측했던 블랙홀의 존재는 2019년, 독일 천체물리학자인 라인하르트 겐첼Reinhard Genzel과 미국 천문학자 안드레아 게즈Andrea Mia Ghez에 의해 관측되었다.

이것은 아인슈타인의 머릿속에서 태어나 수학자들에 의해 예측되었던 상상과 수학적 이론 속의 블랙홀이 100여 년의 대장정 끝에 실재함을 입증한 엄청난 사건이었다.

일반인들에게는 큰 사건이 아닐 수 있지만, 일부 물리학자들에게는 그토록 간절히 염원하던 보물섬을 100년 만에 찾아낸 환희와 감동 그 자체였다. 한때 블랙홀 이론은 천덕꾸러기 취급을 받은 적도 있었기 때문이다.

2019년 관측된 블랙홀 이미지.

아인슈타인 이후 우주물리학은 아인슈타인의 이론이 맞는지 틀리는지를 검증하는 일만으로도 벅찬 세월이었다. 그 엄청난 노고 중 하나가 드디어 2019년 보상을 받은 것이다.

2020년 펜로즈와 겐첼, 게즈는 블랙홀을 입증한 공로로 노벨 물리학상을 수상한다.

블랙홀이 증명되면서 웜홀에 대한 이론적 예측이 더욱 힘을 받는 듯하지만 사실 100년 전 블랙홀이 그랬듯이 웜홀도 아직은 크게 주목받지는 못하고 여러 가지 벽에 부딪히고 있다. 먼저 화이트홀에 대한 명백한 증거가 없다. 스티븐 호킹은 중력이 약한 블랙홀이 화이트홀의 역할을 할 수 있을 것이라는 주장을 했지만 아직 명확하게 입증된 것은 아니다.

또한 엄청난 중력의 블랙홀에 빨려 들어가면 물질은 원자 단계까지 응축될 것이다. 무엇보다 사건의 지평선event horizon이라 불리는 블랙홀의 특이지점 안에서 무슨 일이 일어나고 있는지 아무도 알 수 없다. 그래서 우리는 함부로 블랙홀 안으로 들어갈 수 없다. 사건의 지평선 안쪽은 빛조차 빠져나오지 못하는 공간이기 때문이다.

그럼에도 우주를 설명하는 데 있어 블랙홀의

입증은 매우 큰 의미가 있다. 더 이상 우주는 인류가 만든 시계에 맞춰 똑같이 움직이는 시공간이 아니라는 것을 알게 해주었기 때문이다.

블랙홀의 입증으로 우주 연구가 성큼 앞으로 나아갔듯이 아직 이론에 불과하지만, 웜홀과 화이트홀에 대한 과학자들의 연구가 확인된다면 순간이동에 대한 마법도 풀릴지 모른다. 또한 타임머신에 대한 연구도 가능해질지 모른다.

현재 단계는 우주 공간을 이동하는데 빠른 지름길이라 추측되는 입구를 겨우 찾아낸 것에 지나지 않는다. 웜홀의 존재 여부는 아직 아무도 단정 지을 수 없다.

항상 은구두를 신고 있었으면서도 은구두의 존재를 알지 못했던 도로시처럼, 단지 우리가 인식하지 못하는 것일 뿐, 저 우주 어딘가에는 웜홀과 화이트홀이 늘 우리와 함께 존재하고 있을지도 모른다.

다시 집으로

배추밭에 물을 주기 위해 나오던 엠 아줌마는 문득 저 멀리 들판을 가로질러 달려오는 아이를 보았다.

"어머나, 내 아가야!"

엠 아줌마는 큰 소리로 외치며 정신없이 달려가 도로시를 꼭 껴안더니 마구 입맞춤을 퍼부었다.

"도대체 그동안 어디 있었던 거니?"

"오즈의 나라에 갔다 왔어요. 토토랑 함께요. 아줌마, 전 집에 돌아와 정말 기뻐요."

참고 도서

과학 선생님도 궁금한 101가지 과학질문사전 북멘토, 과학교사모임
교육심리학 용어사전 한국교육심리학회, 학지사
국립수목원 국가생물종 지식정보 국립수목원
기상학 백과 기상청
무기백과사전 한국국방안보포럼 외 2인
물리학 백과 한국물리학회
민족대백과사전 한국학중앙연구원
발명과 혁신으로 읽는 하루 10분 세계사 송성수, 생각의 힘
별자리 여행 한국천문연구원
빅퀘스천 천체 로드리 에번스, 지브레인
사진으로 이해하는 과학의 모든 것 헤일리 버치 외 3인, 지브레인
상담학 사전 김춘경 외 4인, 학지사
생명과학대사전 강영희, 도서출판 여조
서울대학교 신체기관정보 서울대학교병원
시간의 역사 스티븐 호킹, 까치
인간의 모든 감정 최현석, 서해문집
중학교 과학 비상학습백과
천문학 백과 한국천문학회

참고 사이트

네이버 백과